"十四五"时期国家重点出版物出版专项规划项目

现代土木工程精品系列图书

地震砂土液化现象及液化判别方法研究

李兆焱　著

U0222772

哈尔滨工业大学出版社

内 容 简 介

本书介绍了地震灾害中一种重要的震害现象——砂土液化,从历史资料入手,较为详细地列举了砂土液化现象的震害特点;针对国内外砂土液化研究机理,较为全面地研究了砂土液化判别方法的形成和发展。全书共分为 6 章,对比了国内外砂土液化研究的现状,分析了砂土液化判别方法的影响因素和存在的问题,通过地震现场原位测试勘察和理论解答,给出了一种构造砂土液化判别公式的方法,同时进行了液化判别公式的检验。

本书可供地震工程行业专家、学者和相关专业的研究生参考,也可供工程勘察人员了解相关勘察规范的演变和发展使用。

图书在版编目(CIP)数据

地震砂土液化现象及液化判别方法研究/李兆焱著
.—哈尔滨:哈尔滨工业大学出版社,2023.10
　　(现代土木工程精品系列图书)
　　ISBN　978－7－5603－9836－5

　　Ⅰ.①地…　Ⅱ.①李…　Ⅲ.①地震－关系－砂土液化－
研究　Ⅳ.①P315.4 ②P642.16

中国版本图书馆 CIP 数据核字(2021)第 226226 号

策划编辑　王桂芝　刘　威
责任编辑　李广鑫　王　爽
出版发行　哈尔滨工业大学出版社
社　　址　哈尔滨市南岗区复华四道街 10 号　邮编 150006
传　　真　0451－86414749
网　　址　http://hitpress.hit.edu.cn
印　　刷　黑龙江艺德印刷有限责任公司
开　　本　787 mm×1 092 mm　1/16　印张 10.5　字数 234 千字
版　　次　2023 年 10 月第 1 版　2023 年 10 月第 1 次印刷
书　　号　ISBN 978－7－5603－9836－5
定　　价　68.00 元

前　　言

　　地震后砂土液化现象是一种复杂且具有很大破坏力的自然灾害,历史上很多大地震都伴有砂土液化现象发生。人类历史上最早的地震后砂土液化现象的记载,可以追溯到中华民族的帝舜时期(约公元前 23 世纪)。1964 年发生在日本的新潟地震和美国的阿拉斯加地震中,砂土液化导致楼房整体倾斜倒塌,经过抗震设计的建筑仍会因地基液化遭受强烈震害,这种自然现象开始引起全世界学术界和工程界的广泛关注。

　　液化震害预防是目前减轻地震灾害最直接、最有效的手段。液化震害预防的第一步就是对工程场地进行液化判别和预测,而形成液化判别公式的原始数据来源于震害调查和现场勘察。液化判别方法的合理性和可靠性对工程震害防御和工程造价影响很大,是土动力学和地震工程学研究的重要问题。

　　本书内容结合了作者长期从事岩土地震工程、灾害动力学、基坑工程变形监测智能化等方面的研究成果,通过对砂土液化现象及其震害现象、震后砂土液化调查、液化判别方法分析和发展等方面的研究,旨在让读者对砂土液化现象及其预防方法有一个整体的认识。本书研究内容共分为 6 章:第 1 章介绍了历史上的砂土液化现象;第 2 章介绍了砂土液化判别方法形成和发展;第 3 章介绍了巴楚地震概况及液化特征;第 4 章介绍了巴楚地震勘察及液化影响因素;第 5 章介绍了液化判别方法检验及理论解答;第 6 章介绍了砂土液化判别方法形成及检验。

　　由于作者水平有限,疏漏及不足之处在所难免,衷心希望广大读者批评指正。

作　者

2023 年 8 月

目　　录

第1章　历史上的砂土液化现象 ……………………………………………… 1

1.1　砂土液化现象 …………………………………………………………… 1

1.2　我国砂土液化及其震害现象 …………………………………………… 4

1.3　国外砂土液化及其震害现象 …………………………………………… 21

第2章　砂土液化判别方法形成和发展 …………………………………… 26

2.1　砂土液化的机理 ………………………………………………………… 26

2.2　我国液化判别方法的发展过程 ………………………………………… 27

2.3　国外液化判别方法的发展过程 ………………………………………… 29

2.4　本章小结 ………………………………………………………………… 32

第3章　巴楚地震概况及液化特征 ………………………………………… 34

3.1　引言 ……………………………………………………………………… 34

3.2　巴楚地震背景 …………………………………………………………… 34

3.3　地震不同烈度区特征 …………………………………………………… 36

3.4　巴楚地震砂土液化特征分析 …………………………………………… 40

3.5　本章小结 ………………………………………………………………… 49

第4章　巴楚地震勘察及液化影响因素 …………………………………… 50

4.1　引言 ……………………………………………………………………… 50

4.2　场地勘察分布概况 ……………………………………………………… 50

4.3　原位测试液化层判定及场地特征分析 ………………………………… 57

4.4　液化特征对比分析 ……………………………………………………… 72

4.5　本章小结 ………………………………………………………………… 83

第5章　液化判别方法检验及理论解答 …………………………………… 85

5.1　引言 ……………………………………………………………………… 85

5.2　现有原位测试判别方法检验 …………………………………………… 85

5.3　原位测试方法的检验及判别结果 ……………………………………… 90

5.4　液化判别方法临界曲线对比 …………………………………………… 103

5.5　地下水位和土层深度与液化势关系的理论解答 ……………………… 112

5.6 本章小结 ⋯⋯⋯⋯⋯⋯⋯⋯⋯⋯⋯⋯⋯⋯⋯⋯⋯⋯⋯ 126

第 6 章 砂土液化判别方法形成及检验 ⋯⋯⋯⋯⋯⋯⋯⋯⋯ 128

6.1 引言 ⋯⋯⋯⋯⋯⋯⋯⋯⋯⋯⋯⋯⋯⋯⋯⋯⋯⋯⋯⋯ 128

6.2 液化特征深度和原位测试基准值 ⋯⋯⋯⋯⋯⋯⋯ 129

6.3 原位测试判别方法基本模型 ⋯⋯⋯⋯⋯⋯⋯⋯⋯ 139

6.4 土层深度和地下水位影响系数的确定 ⋯⋯⋯⋯ 140

6.5 原位测试判别方法和回判成功率 ⋯⋯⋯⋯⋯⋯⋯ 144

6.6 本章小结 ⋯⋯⋯⋯⋯⋯⋯⋯⋯⋯⋯⋯⋯⋯⋯⋯⋯⋯ 151

参考文献 ⋯⋯⋯⋯⋯⋯⋯⋯⋯⋯⋯⋯⋯⋯⋯⋯⋯⋯⋯⋯⋯⋯⋯ 153

第1章　历史上的砂土液化现象

1.1　砂土液化现象

　　地震是一种自然现象,地球板块之间相互错动、挤压,是导致地震的主要原因,强地震灾害会造成大量人员伤亡和财产损失,影响国计民生。

　　地震动力作用下,饱和砂土或砂质粉土中孔隙水压力逐渐上升,部分或完全抵消土骨架承担的有效应力,土体表现为丧失抗剪强度,从而发生砂土液化。这种现象往往造成地表喷砂、冒水、地裂、沉陷、滑坡和地基不均匀沉陷等(图 1.1)严重危及建筑物的正常使用与安全。

　　类似砂土液化的描述在地震历史记录中有很多,最早可以追溯到我国地震记录的始点 —— 帝舜时期(约公元前 23 世纪)。子墨子曰:昔者三苗大乱,天命殛之,日妖宵出,雨血三朝,龙生于庙,犬哭乎市,夏冰,地坼及泉,五谷变化,民内大振。

　　《墨子》中这段描述的时间大约在征讨三苗时的帝舜三十五年,距今大约 4 000 多年,发生地"龙生庙"即当时的国都(大概是现在山西永济西南蒲州镇),"地坼及泉"说的是地震后大地破裂、泉水涌出,现在看是土壤液化"喷砂冒水"的一种具体表象。

(a)喷砂　　　　　　　　　　　　　　　　(b)冒水

图 1.1　地震砂土液化宏观现象

(c)地表严重开裂　　　　　　　　　　　　(d)砂土液化使农田震陷

续图 1.1

1953 年,在瑞士举办的第三届国际岩土力学与基础工程大会上,在日本东京大学的 Mogami 教授的研究成果中,第一次把饱和土体抗剪强度随震动增加而消失的这种现象命名为液化(liquefaction)。

1962 年,我国土力学与岩土工程主要奠基人黄文熙院士进行了砂基和砂坡的研究,提出了饱和砂上受到地震、爆炸或其他动力作用时,就可能发生液化。理论研究和试验证明了渗透性对砂基或砂坡的液化稳定有很大影响。

1964 年 6 月 16 日,发生了里氏 7.5 级的新潟地震。地震导致新潟县出现严重的喷砂冒水、地层下陷、港口机场基础设施变形开裂等现象。特别是经过抗震设防的房屋出现了因地基液化导致的楼房整体倾斜倒塌(图 1.2),引起国内外学术界和工程界的广泛关注,防震减灾研究中逐渐开始重视砂土液化导致的地基失效现象。

图 1.2　地基液化导致的楼房整体倾斜倒塌

1987 年 11 月 24 日,杨百翰大学教授、美国工程院院士 TL Youd 教授,在美国加州 Superstition Hills 地震中获取了孔压增长的实测记录,该记录证实了试验室砂土液化孔压增长的正确性。成果于 1989 年 4 月在期刊 Science 上发表,这是地震砂土液化研究进程中非常重要的一项工作。

液化发生的影响因素包括:场地遭受的地震作用、地下水位和土层埋藏条件、土体抗液化能力。历史上震级小于 6 级的地震发生液化的情况很少,尽管有资料显示会发生液化现象,但规模都不是很大。

目前可用震级来衡量地震能量的大小,以表征地震矩和震源谱特性。相关研究收集、统计了历史上 58 次有砂土液化现象出现的地震,整理的地震矩震级(Mw)数据来源于学者研究、美国地质调查局(USGS)地震目录、全球地震矩心矩张量工程(CMT)和全球地震台网(GSN),见表 1.1。

表 1.1　部分国家和地区发生液化地震的震级统计表

序号	地震	震级(Mw)	序号	地震	震级(Mw)
1	1964 年阿拉斯加地震	9.2	30	1989 年洛马普列塔地震	7
2	2011 年东日本大地震	9	31	2010 年青海玉树地震	6.9
3	2010 年智利地震	8.8	32	1979 年黑山大地震	6.9
4	1968 年日本十胜地震	8.3	33	1983 年博拉峰地震	6.9
5	1906 年旧金山大地震	8.1	34	2003 年新疆巴楚地震	6.8
6	1944 年日本东南海地震	7.9	35	1966 年邢台地震	6.7
7	1923 年关东地震	7.9	36	1994 年北岭地震	6.7
8	2008 年汶川地震	8	37	2013 年芦山地震	6.6
9	1978 年日本宫城地震	7.7	38	1987 年新西兰埃奇克姆地震	6.6
10	1983 年日本海中部地震	7.7	39	1987 年迷信山地震	6.6
11	1976 年唐山地震	7.6	40	1967 年河间地震	6.5
12	1993 年钏路近海地震	7.6	41	1967 年委内瑞拉地震	6.5
13	1999 年集集地震	7.6	42	1979 年加州帝王谷地震	6.5
14	1964 年新潟地震	7.5	43	1933 年长滩地震	6.4
15	1976 年危地马拉地震	7.5	44	1962 年河源地震	6.4
16	2021 年玛多地震	7.4	45	1971 年圣费尔南多地震	6.4
17	1968 年伊南加瓦地震	7.4	46	1978 年塞萨洛尼基地震	6.4
18	1969 年渤海地震	7.4	47	1972 年马那瓜地震	6.2
19	1977 年阿根廷地震	7.4	48	1980 年墨西卡利地震	6.2
20	1999 年科凯利地震	7.4	49	1987 年埃尔莫尔牧场地震	6.2
21	1986 年台湾地区花莲地震	7.4	50	2011 年基督城地震	6.2
22	1948 年日本福井大地震	7.3	51	2014 年景谷地震	6.1
23	1975 年海城地震	7.3	52	1981 年威斯特摩兰地震	5.9
24	1966 年邢台地震	7.2	53	1987 年惠蒂尔纳罗斯地震	5.7

序号	地震	震级（Mw）	序号	地震	震级（Mw）
25	1977年罗马尼亚弗朗恰地震	7.2	54	2011年盈江地震	5.5
26	1995年淡路地震	7.2	55	1957年加州戴利地震	5.3
27	1995年阪神地震	7.2	56	1985年台湾地区花莲地震	5.3
28	2010年达菲尔德地震	7.1	57	2005年九江地震	5.2
29	1970年通海地震	7.1	58	2018年松原地震	5.2

20世纪以来，全球范围内地震液化灾害频发，液化致灾有不同的特征，而且灾害损失严重。地震后砂土液化现象被称为地震灾害隐形的杀手，成为防震减灾研究工作中不可忽视的部分，同时也启发我们通过砂土液化现象，研究砂土液化机理，预防砂土液化震害。

1.2　我国砂土液化及其震害现象

砂土液化记录的时间分为3个部分：早期地震，砂土液化现象记录描述的历史源头至1920年海原地震；新中国成立后8次大地震，记录从1966年至1976年10年间发生在我国有重要破坏现象的8次大地震；近期地震，2000年以来发生液化的3次地震。

1.2.1　早期地震

我国对地震的记载历史久远，且历代相传，世界范围来看都非常罕有。地震学家谢毓寿主编的《中国地震历史资料汇编》（图1.3），收集了从公元前约23世纪至1980年之间跨度4 000余年的5万多条地震记录。

可以说砂土液化现象的描述最早可追溯到我国地震现象记录的初始点，《墨子》中描述了帝舜时期（距今天4 000多年前）的地震现象，这是人类历史上砂土液化宏观现象最早的描述记录（图1.4）。

中国地震历史记录中有很多体现砂土液化特征的类似"泉涌""地坼""砂石随水流"等描述，例如：

东汉安帝元初六年二月（119年3月）京都郡国三十二地震，水泉涌出，坏城郭宇舍，压杀人。（晋·袁宏《后汉书》十六卷《安帝纪》记载）

唐代宗大历十二年（777年）恒、定二州地大震，三日乃止，束鹿、宁晋地裂数丈，砂石随水流出平地，坏庐舍，压死者数百。（《新唐书》三十五卷《五行志》）

宋神宗熙宁元年十二月辛酉（1069年1月24日）沧州地震，涌出砂泥、船板、胡桃、螺蚌之属。（《宋史》六十七卷《五行志》）

图 1.3　地震学研究的宏大宝库 ——《中国地震历史资料汇编》(1983 年)

图 1.4　帝舜时期 —— 最早有砂土液化现象的描述

图 1.5 所示为宋林濰墓铭拓本,文中有"沂岱地震,覆压甚重""公治之州有圭田多为水所占"的描述,记录了地震后田地液化的宏观景象,这里的"圭田"解释为供古代官员祭祀用的田地。

元朝时期,元世祖至元二十七年(1290 年),是岁地震,北京尤甚,地陷,黑砂水涌出,人死伤者数十万,帝深忧之。(《元史》一七二卷《赵孟頫传》)

明朝时期,明英宗正统十年十一月癸未(1445 年 12 月 21 日),地日夜连九震,鸟兽之属皆辟易飞走,山崩石坠,地裂水涌,公私屋宇催压者多,几百余日乃止。(明·陈道《八闽

图 1.5　宋林潍墓铭拓本

通志》八一卷）

明朝嘉靖三十四年十二月十二日（1556 年 1 月 23 日）关中发生大地震，有记载的死亡者达 83 万人，是目前世界已知死亡人数最多的地震，余震长达五年才慢慢停止。记载中有很多土壤液化现象的描述。《华阳县志》卷七记载："民惊溃走，垣屋尽倾，知县陈希元等罹变，人畜压死不可胜计，地裂水涌，人多坠于穴，自乙卯至己未震渐方止，自古灾伤无此惨也。"明·赵时春《赵浚谷文集》卷八记载："山多崩断，潼关道壅，河逆流，清三日，水从坼窦涌沙，没麦败田，圮（毁坏）屋覆灶。"

清朝时期，康熙十八年七月二十八日（1679 年 9 月 2 日），直隶三河发生平谷地震，当时的三河知县任塾撰写了《地震记》，比较客观、系统地记录了灾情：此次地震三河县受灾惨重，震后城墙和房屋存者无多，死亡 2 677 人；地面开裂，黑水带砂涌出；柳河屯、潘各庄一带地面下沉 0.7 ～ 3.3 m 不等。平谷县房屋、塔庙荡然一空；地裂丈余，田禾皆毁；东山出现山崩，海子庄南山形成锯齿山；县城西北大辛寨村水井变形；整个县境生者仅十之三四。

1920 年 12 月 16 日海原发生 8.5 级大地震，是中国近百年影响最大的一次地震，死亡人数超过 28 万人，能量相当于 11.2 个唐山地震，余震持续三年多。地震报告中描述：平地上之裂缝，大率甚狭而浅，阔不过数寸，深不过尺许至数尺，纵横贯穿，无一定方向。据各县报告，此类裂缝，有长十余丈至数十丈者。惟余在固原西大营川一带所见甚多，类多甚短，至多不过二三丈，且多在滨海或富于水分之平原。据靖远、通渭、宁夏、灵武等县报告，平地裂缝常涌出黑黄等色之水,味臭略温,且有黑砂等随水涌出。在灵武境内,裂缝附近穿有窟窿,水扶砂上涌,堆积窟窿之旁,高二三寸至一二尺不等,大似粪堆云。地震后出现裂缝、喷水冒砂、形成砂坑、喷砂形成砂堆,这是中国近代地震砂土液化的一次具体描述。

1.2.2　新中国成立后 8 次大地震

在我国历史文献统计中,有很多关于砂土液化现象的历史记录,这些资料对我们现在研究砂土液化问题具有很大价值。

新中国成立后由于大规模基础建设的需求,相关部门对砂土液化的研究开始重视,特别是发生的 8 次大地震(表 1.2),为我国液化库的建设提供了大量的资料。

表 1.2　中国八大地震地震参数

序号	地震名称	地震日期	震中位置			震级(Ms)	震中烈度	震源深度 /km
			北纬	东经	省份			
1	邢台地震	1966 年 3 月 8 日	37°21′	114°55′	河北省	6.8	IX +	10
		1966 年 3 月 22 日	37°32′	115°03′	河北省	7.2	X	9
2	通海地震	1970 年 1 月 5 日	24°00′	102°42′	云南省	7.7	X +	13
3	炉霍地震	1973 年 2 月 6 日	31°30′	100°24′	四川省	7.6	IX	17
4	昭通地震	1974 年 5 月 11 日	28°12′	103°54′	云南省	7.1	IX	14
5	海城地震	1975 年 2 月 4 日	40°39′	122°48′	辽宁省	7.3	IX +	12
6	龙陵地震	1976 年 5 月 29 日	24°22′	98°38′	云南省	7.3	IX	24
		1976 年 5 月 29 日	24°33′	98°45′	云南省	7.4	IX	20
7	唐山地震	1976 年 7 月 28 日	39°28′	118°12.5′	河北省	7.8	XI	22
8	松潘地震	1976 年 8 月 16 日	32°48′	104°06′	四川省	7.2	IX	24
		1976 年 8 月 23 日	32°30′	104°18′	四川省	7.2	VIII +	23

可以看出,八大地震主要分布在华北地震带和南北地震带,这些地区也是人口分布集中、工矿企业繁多、人口密度大的地区,新中国成立后死亡超过万人的 3 次地震(通海地震、唐山地震、汶川地震)都发生在这一地区。

下面是新中国成立后我国有液化现象的典型地震。

(1) 邢台地震:由两个大地震组成,1966 年 3 月 8 日,原河北省邢台专区发生 6.8 级的地震,震中烈度 IX 度强;1966 年 3 月 22 日,原邢台专区宁晋县发生 7.2 级地震,震中烈度 X 度。两次地震共死亡 8 064 人,伤 38 000 人,经济损失 10 亿元。这次地震造成的地面破坏以地裂缝和喷水冒砂为主。极震区地形地貌变化显著,出现大量地裂缝、滑坡、崩塌、错动、涌泉、水位变化、地面沉陷等现象,喷水冒砂现象普遍,最大的喷孔直径达 2 m(图1.6),地下水普遍上升 2 m 多。这次地震砂土液化的一个重要特点是:沿古河道不仅地裂缝及喷水冒砂普遍,而且位于古河道上的村庄比相邻村庄破坏严重;在同一村庄中,古河道通过地段的房屋又比其他地段房屋破坏严重。

在地震中,受喷水冒砂、砂土液化的影响,土层承压能力将显著降低。在总结新中国成立后几次大地震的基础上,特别是在邢台地震经验的基础上,形成了我国首部涉及液化判别的规范:《工业与民用建筑抗震设计规范》(TJ 11—74)。

(a)喷水冒砂带,显示了古河道的形迹　　　　　　　(b)喷水冒砂孔直径大约2 m

图 1.6　　邢台地震 Ⅸ 度区宁晋县典型液化场地

(2)通海地震:1970年1月5日,云南省峨山县、通海县发生了7.7级地震,震中烈度Ⅹ度,地震的烈度分布与曲江断裂的方向联系紧密,大体趋势是离曲江断裂越近,震害强度越大,烈度级别越高。震害损失巨大,死亡15 621人,338 456间房屋倒塌,受灾面积4 500多 km²。本次地震的一个重要现象是喷水冒砂现象十分严重,喷冒孔有单孔的,也有成群串珠状的,总体走向与曲江断裂的走向基本一致。

(3)炉霍地震:1973年2月6日,在四川省炉霍县发生7.6级地震。地震造成严重损失,死亡2 175人,伤2 756人。极震区内房屋几乎全部倒塌。地震区位于青藏高原东南部的鲜水河中游,土质疏松,地下水位较高,砂土液化破坏严重。图1.7所示为地震烈度Ⅹ 度区鲜水河河床沙滩上的喷水冒砂孔,孔径为 2.7 m(图1.7(a))和孔径为 3.1 m(图1.7(b))的两个砂土液化典型点。

(4)海城地震:1975年2月4日,辽宁省的海城、营口附近发生7.3级地震,震中烈度Ⅸ度强。这次地震发生在人口稠密且工业发达的地区,绝大部分建筑物遭到了不同程度的破坏。

喷水冒砂是海城地震一种非常明显的地面破坏现象,由于震区西部辽河下游冲积平原区地下水位较浅,有相当厚的饱和粉细砂层,因此喷水冒砂、砂土液化等现象集中发生在这一地区。海城地震造成的损失近8亿元,其中仅喷水冒砂埋盖农田就有180多 km²。选取了3个典型液化场地图示,见图1.8,Ⅸ度区典型液化场地(图1.8(a)):海城县八里公社,从机井孔向外喷水冒砂,形成直径约3 m的圆锥;Ⅷ度区典型液化场地(图1.8(b)):营口县新生农场总队附近,地面普遍喷水冒砂,大片农田被淹,喷水冒砂孔周围出现低矮的砂锥;Ⅶ度区典型液化场地(图1.8(c)):营口市高家农场,由于大量喷水冒砂,右侧水井井口已在水面以下(震前水面距井口 1.5 m),左侧旧水井石壁大部埋入砂中(震前石壁高0.7 m）。

(a)孔径2.7 m的喷水冒砂孔　　　　　　　(b)孔径3.1 m的喷水冒砂孔

图 1.7　炉霍地震 X 度区典型液化场地（四川省地震局提供）

(a)IX度区典型液化场地　　　　　　　　(b)VIII度区典型液化场地

图 1.8　海城地震 3 个典型液化场地

(c)Ⅶ度区典型液化场地

续图 1.8

（5）龙陵地震：1976年5月29日晚20点开始，云南龙陵县先后发生7.3级、7.4级两次强烈地震。震群型地震是这次地震的主要特点。人员伤亡严重，近百人死亡，近500人重伤，40多万间房屋遭受震害破坏。大概1 883 km² 面积受灾。地震引起的滑坡和砂土液化也造成较严重损失。地震烈度 Ⅶ 度区龙陵县龙山公社白塔生产队，喷水冒砂的田里冒出大量棕黄色松砂，厚约15 cm，喷水冒砂孔径10 ~ 30 cm（图1.9）。

图 1.9　龙陵地震 Ⅶ 度区典型液化场地

（6）唐山地震：1976年7月28号凌晨3时许，河北省唐山市发生了7.8级强烈地震，震中烈度达 Ⅺ 度，当天18点又在滦县发生了7.1级地震，主震后的余震加重了地震灾害。这次地震发生在工矿企业集中、人口稠密的城市，从而造成了极严重的灾害（图1.10）。据统计，唐山大地震共造成24.2万多人死亡。从地震科学的角度看，在我国20世纪期间，邢台地震、通海地震、唐山地震是最值得科学研究、最为典型的3次大地震，这3次地震在中国乃至世界的地震史和灾害史上，都具有非常重要的地位。

图 1.10　唐山地震后大片房屋被夷为平地

喷水冒砂和地表裂缝是唐山地震地表震害的主要形式。唐山地处冀东滨海平原,这里地质低平,平原上广泛覆盖第四纪晚期未经固结的年轻沉积盖层,因此,这一地区具有形成液化的必要条件。唐山地震造成的液化面积十分广大,震后航拍和现场考察证实,液化范围约 25 000 km²:东起秦皇岛,向南经昌黎、滦县沿滦河北上至卢龙、迁安、迁西,然后经玉田、三河、通县直至密云水库;往南过香河、海兴,直到山东的沾化县;南到渤海近岸。因此无论是破坏程度,还是波及规模,都是近现代地震历史上非常罕见的。

唐山地震的砂土液化现象为我国液化判别规范的修订起到了非常重要的作用,唐山地震液化场地数据占规范数据 60%。列举有代表性的唐山典型液化场地如图 1.11 所示:Ⅹ 度区津唐公路旁(距唐山市约 1 km)的玉米地里,北东走向的地裂缝,宽约 20 cm,右侧地面下沉,并伴有喷水冒砂(图 1.11(a));Ⅸ 度区唐山市卑家店公社徐家楼大队,玉米地喷水冒砂孔径达 1.5 m(图 1.11(b));滦县城关北,喷水冒砂夹带大量卵石,喷水冒砂孔径达 2.4 m,可见深度 1.4 m,卵石粒径 3～9 cm,最大可达 15 cm(图 1.11(c));Ⅷ 度区滦南县扒齿港附近大面积喷水冒砂(图 1.11(d));滦县喷水冒砂淤满一口近 17 m 深的水井(齐永泉提供)(图 1.11(e))。

(a) Ⅹ 度区典型液化场地
图 1.11　唐山典型液化场地

(b)Ⅸ度区典型液化场地1　　　　　　　　　　(c)Ⅸ度区典型液化场地2

(d)Ⅷ度区典型液化场地1　　　　　　　　　　(e)Ⅷ度区典型液化场地2

续图1.11

1.2.3　近期地震

集集地震：1999年9月21日凌晨，我国台湾地区集集镇发生7.3级强烈地震，称"9·21地震"，其中台中县、南投县是主要受灾区，地震造成人员死亡近2 000人，受伤6 534人，是台湾地区20世纪末期发生的最大地震。地震后，员林、南投、大肚溪以及台中港等大规模地区发生砂土液化现象，导致地层下陷、喷水冒砂、房屋倾斜、倒塌，图1.12(a)显示彰化县大肚溪发生的土壤液化现象，图1.12(b)显示大肚溪口震后喷砂口形状像火山口，地下涌出的泥砂呈辐射状向四周流出。

(a)彰化县土壤液化　　　　　　　　　　　(b)喷砂口形状像火山口

图 1.12　彰化县大肚溪发生的土壤液化

巴楚伽师地震：2003 年 2 月 24 日 10 点 03 分 47 秒（北纬 39.5°，东经 77.2°），新疆维吾尔自治区（以下简称"新疆"）喀什市地区巴楚县境内发生 6.8 级强烈地震，震源深度 25 km，主震后又发生 3 次 5 级以上余震。最大余震是 5.9 级，发生在 2003 年 3 月 12 日，称"巴楚－伽师地震（以下简称巴楚地震）"。地震造成 268 人死亡，4 853 人受伤，其中主要受灾区巴楚县琼库尔恰克乡死亡 267 人，该乡绝大部分住房受到损坏。受灾地区分布在伽师、巴楚、麦盖提、岳普湖、生产兵团、莎车和阿图什，共计 6 个县（市）37 个乡镇 931 个村（农场）。受灾人口约 66 万，受灾面积约 2.2 万 km²，经济损失约 14 亿元。根据本次地震后灾区的科学考察，将灾区划分为 4 个烈度圈，极震区 Ⅸ 度。巴楚地震不但是新疆有地震记录以来损失最大的一次地震，也是 20 世纪 50 年代以来新疆死亡人数最多的一次地震。

特别值得注意的是，此次地震中发生了大规模的砂土液化现象，是 1976 年唐山地震后近几十年来，中国大陆地区砂土液化现象最显著的一次地震。地震科学的发展源于实践，但难点又是缺少实践，巴楚地震所造成的砂土液化问题，为地震工作者带来了难得的液化现场实践和规范数据检验的机遇。

巴楚县是地震多发地区，巴楚县近百年的发展历史，伴随着地震灾害不断发生。地震学家将这一地区称为"伽师强震群区"，国家对"伽师强震群区"也进行了专项研究。据新疆地震局预报中心主任高国英分析："伽师－巴楚位于帕米尔弧形构造东北侧，南北两侧同时受到印度洋板块和亚欧板块的挤压，是受力较强烈的地区，容易积累产生大地震的能量。从小环境来看，这里同时还位于塔里木盆地与柯坪块体的交会部位，因而也是我国大陆内部主要的强震活动区。"

据《巴楚县志》记载，20 世纪百年的时间里，巴楚县发生 5 级以上地震就有 53 次之多。仅 1996—1998 年期间，地震就导致 47 人死亡，经济损失 14 亿元。下面是《巴楚县志》记载的 20 世纪该地区发生的重要地震：

1904 年 2 月 5 日(清光绪三十年),发生 6.1 级地震(伽师县地区)。

1953 年 7 月 10 日,发生 6 级地震(北纬 39°,东经 78.3°)。

1961 年 4 月 4 日,发生 6.4 级地震(北纬 99.8°,东经 77.9°)。

1972 年 1 月 16 日,发生 6.2 级地震(北纬 40.2°,东经 79°)。

1996 年 3 月,发生 6.9 级地震(伽师县—阿图什市地区)。

1997 年 1 月 21 日,时隔 1 min 连续发生 6.3 级和 6.4 级两次地震(伽师县地区)。

1997 年 4 月,发生 5 级地震两次,6 级以上地震 3 次,其中 4 月 11 日发生最大 6.6 级地震(伽师县地区)。

1998 年 8 月 27 日,相继发生多次 6 级以上地震(伽师县地区)。

2003 年巴楚—伽师强烈地震,发生在人口密集的冲积平原地区,由于该地区地下水埋深浅、土质疏松(地基下广泛分布粉砂、细砂),因此地震中"喷水冒砂"的震害现象十分显著。土体液化过程中,伴随着孔压上升出现喷水冒砂现象,同时土体失去承载力,也加重了灾区房屋的破坏程度。巴楚地震各烈度区特征见表 1.3。

表 1.3　巴楚地震各烈度区特征

烈度	主要标志	区划范围	液化特征
Ⅸ	震感强烈,站立不稳。土木结构房屋大多数毁坏,砖木房屋多数严重破坏或毁坏,砖混房屋部分严重破坏或毁坏。木架结构房屋部分中等或轻微破坏。水塔折断倒塌	南部边界位于巴楚县琼库尔恰克乡乡政府,北部边界至巴楚—伽师交界的沙漠地带,面积约 421 km²	遍布大面积喷水冒砂的砂土液化现象,地裂缝发育
Ⅷ	震感强烈、站立不稳;土木结构房屋部分毁坏,大多数达到严重或中等破坏,普遍裂缝;砖木房屋普遍裂缝,部分达到中等破坏;砖混房屋部分裂缝,个别达到中等破坏;木板房基本完好,个别出现裂缝;部分围墙倒塌	巴楚县的琼库尔恰克乡,色力布亚镇、英吾斯塘乡的部分村庄。Ⅷ 度区面积大约 1 573 km²	普遍存在砂土液化和喷水冒砂现象,地裂缝较发育,特别是低洼地区尤为突出
Ⅶ	大部分人震感强烈。土木结构房屋普遍裂缝,部分中等破坏,个别严重破坏;砖木房屋部分出现裂缝,轻微破坏;砖混房屋基本完好,个别出现裂缝	包括巴楚县西南部、岳普湖县东部、伽师县南部、麦盖提县北部等,面积大约 5 000 km²	仍然存在砂土液化现象。接近或进入 Ⅷ 度区附近有较大喷水冒砂,并伴有地裂缝

汶川地震:2008 年 5 月 12 日,我国四川汶川、北川境内发生 8 级强烈地震,最大烈度 Ⅺ 度。汶川地震是新中国成立以来波及范围最大、破坏性最强的一次地震,其强度、烈度都超过了 1976 年的唐山大地震。中国地震局工程力学研究所岩土室研究人员考察结果表明,此次大地震的液化分布范围也是新中国成立以来最广的一次,调查确认有 118 个液化场地和液化带,涉及 10 万 km² 的区域。此次地震的一个重要特点是砂砾土液化分布广泛,造成危害特别严重。汶川地震液化场地喷砂类型对比我国以往发生的地震液化砂类明显丰富,喷砂类型包括:粉砂、细砂、中砂、粗砂、砾石,甚至卵石,见图 1.13,为我国砂砾土液化研究提供了大量有价值的数据。

(a)砂土喷出地表,不均匀震陷　　　　　　(b)液化导致地面发生水平贯穿裂缝

(c)喷砂类型丰富,卵石喷出地表　　　　　　(d)液化导致工厂受损(郭恩栋提供)

图 1.13　汶川地震典型液化场地和震害现象

　　高雄地震:2016 年 2 月 6 日 03 时 57 分,在我国台湾地区高雄市美浓区(北纬 22.94°,东经120.54°) 发生了里氏 6.7 级地震(中国地震台网测定),震源深度 15 km。

　　台湾地区不同程度上都受到了这次地震的影响,高雄市、台南市、台东县、嘉义市受本次地震影响较大。其中,5 级震度相当于地表峰值加速度 80 ～ 250 gal;6 级震度相当于地表峰值加速度 250 ～ 400 gal;本次地震超过 400 gal,属于 7 级震度。

　　本次地震震中发生在高雄市,但受地震影响最大的地区是台南市。台南市多栋楼房倾斜倒塌(图 1.14),公路被破坏,出现大范围的砂土液化现象,人员伤亡 117 人,尤其是 16 层的维冠大楼震害最为严重,见图 1.15,该楼由西至东整体坍塌,人员死亡 115 人。

　　台湾地震研究中心专家讨论认为,导致台南市地区破坏严重的原因主要有 3 个方面:

台南市地区可能处在盲断层区域;砂土液化的影响,台南市地区所处台湾地区最大的冲积平原 —— 嘉南平原,地下水位浅、砂土层厚,地震导致大面积的砂土液化,致使地基失稳、地表破坏;场地效应的影响,因为台南市地区冲积层较厚,地震波在软土中会进行放大,导致地表加速度放大,震动持时变长,震害进一步加强。

图 1.14　　地震导致台南市楼房倾斜

图 1.15　　地震致使台南市维冠大楼受倒塌

　　高雄地震后台南市出现大范围的砂土液化现象,见图 1.16(a),导致台南市地区烈度进一步增加。在此次台湾地区高雄地震中,台南市安南区液化震陷达 30 ～ 100 cm,给建筑物和基础设施造成很大损失。台南市安南区的溪顶里,砂土液化导致整个小区的房子地层下陷,最严重一层楼超过一半的高度陷入地下,见图1.16(b)。研究同时发现,震害最严重的维冠大楼曾经是养鱼湖塘,专家认为一方面大楼倒塌是房屋建筑施工质量造成的,另一方面也可能是受地震后砂土液化影响,即此次地震中土壤液化造成地震长周期成分明显增大,震动持续时间增加,加剧了质量粗糙的高层建筑破坏。

(a)土壤液化,房屋裂缝喷出泥砂　　　　　　　(b)液化导致楼房整体下陷

图 1.16　　高雄地震砂土液化现象(图片来源:东森新闻)

　　高雄地震发生在位于台湾地区西南的嘉南平原,为台湾地区面积最大的冲积平原,由多条河流冲积而成。嘉南平原地下水位浅、砂土层厚,地震后砂土液化潜在威胁大,在集集地震时彰化县、云林县出现的砂土液化区域就处于嘉南平原。

　　高雄地震也震出了全台湾地区的砂土液化危机,台湾大学土木工程系李鸿源教授认为,如果台北发生 6 级地震,因为土壤液化,震级会扩大成 7.3 级,将造成大量房屋倒塌。台湾地质调查所根据台湾不同地区的砂土液化危险等级分为红(高危险区)、黄(中等危险区)、绿(低危险区)3 个液化潜势区,近期公布了台湾 8 市县土壤液化潜势区。以台北市、新北市公布的液化潜势区结果为例,发现大部分地区处在地震砂土液化高度威胁区域。同时也发现全台湾地区液化潜势区分布广泛,仅学校就有 151 所位于砂土液化高度危险区。

　　松原地震:2018 年 5 月 28 日,松原市发生里氏 5.7 级地震,美国地质调查局(USGS)公布矩震级为 5.2 级。震中位于松原市宁江区毛都站镇,位于第二松花江断裂前郭段。地震震感强烈,影响面积超过 1 000 km²,地震发生后,中国地震局启动 Ⅲ 级应急响应,现场勘查和灾害损失评估范围超过 3 000 km²。根据受灾影响将震区划分为 Ⅶ 度、Ⅵ 度两个烈度区,经现场调查没有造成人员伤亡。震中区出现的山墙歪斜、窗角裂缝、烟囱断裂现象集中在老旧的土夯结构建筑和砖木结构建筑。调查表明,本次地震场地效应明显,尤其以砂土液化现象最为突出。调查过程中发现液化场地集中在灾害相对严重的 Ⅶ 度区牙木吐村、复兴村、姜家围子村附近,Ⅵ 度区也分布多个砂土液化场地。

　　松原市地区近年来发生多次 4.9 级以上破坏性地震,唯独这次地震发现明显液化现象,且规模较大。截至 2018 年 6 月 12 日 13 时,流动台网共监测记录到 2.0 ～ 2.9 级地震 5 次,3.0 ～ 3.9 级地震 3 次,最大余震震级为 5 月 29 日 14 时发生在毛都站附近的 3.7 级地震。后续余震未发现新液化场地。

　　砂土液化灾害区处于松辽盆地腹地,为松嫩低平原,属于中央凹陷构造区。该地区以
Ⅲ类场地为主,Ⅱ类场地少有分布,大部分地区地下水位较高(2 m 以内),场地有较浅的
黏土层和回填土层分布,砂土层分布较厚,密实程度不足,为地震后砂土液化提供了有利
条件。砂土液化现象绝大部分发生在水田中,对农业生产有影响,部分影响到房屋的地基
稳定性,导致地基的不均匀沉降。

　　震区地貌为平原,主要地震地质灾害现象以砂土液化为主。震中区由于处于第二松
花江河道附近,地下水位较高,砂质土壤分布发育,调查中发现了大量的砂土液化现象,现
场调查发现液化场地超过 200 个。

　　参考震后现场调查中喷砂冒水、地表不均匀沉降和滑移、农田损失、辅助参考结构物
(构筑物)破坏情况,为了液化场地再勘查、地震场地效应评估,便于从宏观上评定场地液
化严重程度,王维铭将震后的液化场地进行定量化描述,提出了场地宏观液化等级的概
念。宏观指数定义由 0 级到 Ⅴ 级,划分为 6 个等级,分别表示无液化现象到引起场地大变
形、大规模喷砂的严重液化现象。

　　毛都站镇复兴村村边稻田,由于喷砂冒水形成两个邻近砂坑,喷砂影响面积为
200 m²。大坑深约 2 m、直径 3 m,小坑深约 1 m、直径 1.5 m。喷出物分布于地下多个土
层,可见黑褐色粉细砂和黄色细砂,宏观液化等级 Ⅳ 级,严重液化,地震烈度 Ⅶ 度,见图
1.17(a)。牙木吐村东北 2 km 处稻田大面积喷砂冒水,影响范围超过 80 万 m²,水稻种植
大面积受影响,液化喷砂孔密集分布,低洼区液化喷砂孔分布偏多,喷出物多为灰色—灰
黄色细砂、粉细砂,局部地区喷砂后有红色沫状物出现,村民介绍每 1 hm² 分布约 10 个喷
砂孔,宏观液化等级 Ⅴ 级,液化非常严重。该地区喷砂冒水的最大砂坑直径约 3 m,深超
过 2 m,喷砂影响面积超过 150 m²,喷砂影响区域地下水位高,低洼地带地下水接近地表,
地震烈度 Ⅶ 度,见图 1.17(b)。

(a)连续液化砂坑

图 1.17　地震砂土液化导致的砂坑

(b)液化砂坑

续图 1.17

　　地震后现场勘查发现,砂土液化场地主要分布在姜家围子村、复兴村、牙木吐村和松花江沿线。液化场地接近松原肇东断裂带和第二松花江断裂带,接近发震构造带。液化场地总体宏观上看沿北东方向分布,这也是地震烈度图长轴方向确定的一个佐证。

　　复兴村东 1.5 km 松花江岸边,液化点连线大体呈南北向带状分布,长度接近 2 km,见图 1.18,分布超过 40 多个喷砂孔(带)。喷砂冒水严重,喷出物以黄色细砂(粉细砂)、灰褐色细砂(粉细砂)为主,多处喷砂孔夹带泥浆,宏观液化分布图见图 1.18(a)。液化区有多处裂缝,液化条带上多分布串状连续喷砂孔,最大裂缝宽度 15 cm,喷砂液化带见图 1.18(b),村民介绍震后清晨时裂缝超过 40 cm。最长连续液化带超过 300 m,最大喷砂坑直径 2 m,深度 50 cm,液化砂坑见图 1.18(c)。宏观液化等级 Ⅳ 级,严重液化,地震烈度 Ⅶ 度区。

(a)宏观液化分布图　　　　　　　　　　　　　(b)喷砂液化带

图 1.18　松花江岸边砂土液化分布图

(c)液化砂坑

续图 1.18

玛多地震:2021 年 5 月 22 日青海玛多县发生 7.4 级强烈地震,震源深度 17 km,地震发生在东昆仑断裂下缘,是汶川地震后震级最大的地震。

地震发生在黄河源附近,该地区人烟稀少,未造成人员死亡。该次地震砂土液化导致了多起生命线工程的破坏。砂土液化导致输电线塔失稳倾斜,见图 1.19,野马滩 2 号桥设计时基本地震动为 0.15 g(g 为地震加速度单位),不考虑地震液化影响,实际地震中遭遇

图 1.19　砂土液化导致输电线塔失稳倾斜

地震动 0.4 g 左右,桥梁北侧破坏轻微,南侧砂土液化现象严重且破坏严重,桥梁连续落梁就发生在南侧液化严重的位置,见图 1.20。玛多地震砂土液化对场地设计、地震动设计和生命线防震减灾等方面研究起到了启示作用。

图 1.20　野马滩 2 号桥上部结构落梁震害

1.3　国外砂土液化及其震害现象

里斯本大地震:1755 年 11 月 1 日,葡萄牙首都里斯本附近海域发生地震,震级8.9级。西方史学家认为 18 世纪欧洲史上最重大的两次历史事件,其一是思想启蒙运动,产生了孟德斯鸠、伏尔泰、卢梭、康德等一批思想家;其二是 1755 年的里斯本大地震(图1.21),而很多启蒙思想家也正是通过这次地震开始倡导科学的理性思维。

图 1.21　描述里斯本大地震的作品《美好世界的尽头》

里斯本大地震是人类史上死亡人数最多、破坏性最大的地震之一,里斯本有超过五分之一人口的 5 万多人死于这场灾难,被称为第一场现代性灾难,使得大航海时代繁盛的葡萄牙逐渐衰落。当时对于砂土液化现象有这样的记载:房子开始震动,全家人跑了出来,发现大石头掉落,河水上涨,突然地面上出现大量的小裂缝,从那里大量白砂喷射出来,而且喷得很高,毋庸置疑一定是大地被极度地搅动才产生了令人惊恐的画面,见图1.22。

图 1.22　1775 年里斯本大地震

神户大地震:1995 年 1 月 17 日,日本关西地区发生 7.3 级地震,又称阪神大地震。地震致使人员伤亡严重,官方统计有 6 434 人死亡,4 万多人受伤,房屋大量损毁,见图 1.23,桥梁、管线、公路等生命线工程被大量破坏,桥梁倒塌见图 1.24。该次地震液化现象显著,并有其自身特点。

图 1.23　阪神大地震中房屋损毁

1.砂砾石液化现象严重

地震后砂砾石填筑(填筑砂砾石最大厚度:20 m 以上)的两个人工岛液化严重,港岛 70% 以上面积出现砂砾石液化,六甲岛近 50% 面积出现砂砾石液化。

2.液化区减震效应

我国历史上的海城地震、唐山地震等,都出现过液化区域上部结构减震的现象。阪神地震不但发生了这种减震情况,而且更为珍贵的是收集到了强震记录。神户市区非液化区震害高于液化区,非液化区的地表地震峰值加速度也高于液化区。两个人工岛上,未出现侧向扩展的液化区上部结构也呈现减震效果。

图 1.24　阪神大地震中桥梁倒塌

3.液化土体侧向扩展造成震害严重

人工岛和海岸边液化现象最为严重,受液化后土体侧向扩展破坏也最为明显。液化土体不但侧向扩展显著,同时竖向沉降也非常明显。鉴于这次地震土体侧向扩展震害严重的现象,日本后续抗震规范中加入了液化侧向扩展的条文。

4.桩基受液化影响破坏严重

阪神地震造成桩基破坏多于 40 个。分析破坏的主要原因是:液化土体受到地震剪切破坏和邻近的非液化土层受力不同所致。

新西兰大地震:2011 年 2 月 22 日,新西兰克莱斯特彻奇市(Christchurch)附近发生6.3 级地震,是震源深度仅为 5 km 的浅源地震,发生在澳大利亚板块和太平洋板块交会的消减带上。本次地震造成 185 人遇难,大量人员受伤。震区震害显著:地表破裂,地面变形,建筑物大量倾斜倒塌,基础设施破坏严重。震害中砂土液化尤为突出,是日本岩土工程协会自 1978 年开始对液化现象观测以来,第一次以砂土液化灾害为主要致灾因素的地震,航拍受砂土液化影响的城镇见图 1.25。

新西兰地震液化分析如下。

(1)震源浅(5 km),地面运动强烈,最大水平 PGA 约达 1 000 gal,最大竖向 PGA 达1 596 gal,远大于 2010 年新西兰基督城 7.1 级地震所记录到的最大加速度峰值(500 gal 左

图1.25　航拍受砂土液化影响的城镇

右），大大超过震中地区房屋设防基本加速度峰值350 gal，极震区烈度可达 IX 度，远超上次地震震中区烈度，这是震害较重且远超过上次地震震害规模的最主要原因。另外，短周期近场区域竖向地震动明显大于水平向，地震动衰减快。

（2）液化及其震害现象突出，震区内涉及液化面积超过50 km²，克莱斯特彻奇市区内80% 喷水冒砂，市中心大片地区被液化喷出物淹没，引起包括 CTV 电视大楼在内的10 000 余栋建筑和大量基础设施破坏。

（3）液化引起地表变形。地震引起的地表位移严重。地表位移幅度最大的地点在克莱斯特彻奇市区东南约5 km 处，其地表向西南方向偏移了约40 cm，市中心也出现了十几厘米的位移，在周边地区观测到了地震时液化现象导致的地表变形。

（4）CTV 大楼倒塌受砂土液化影响。地震动卓越周期长（1 s 左右），与大多数建筑结构的自振周期接近，引发共振效应，造成严重破坏。显然，CTV 大楼的倒塌是场地液化、共振效应共同作用的结果。

（5）按目前官方发布，此次地震震害的主要原因就是液化，并已经决定因液化震害将该城市部分城区永久放弃，这也是历史上首次砂土液化成为一次地震震害的主因。

印尼地震：2018 年 9 月 28 日，印度尼西亚苏拉威西省帕卢市地区（0.256°S，119.846°E）发生 7.5 级地震，震源深度 20 km，截至 2018 年 10 月 14 日，死亡人数达 2 091人。印度尼西亚国家灾害应变总署指出，由于强烈地震导致土壤液化，液化流滑导致基础设施受损严重，Petobo 地区液化前后卫星对比图见图1.26，大量的房屋被液化的土体吞噬，约有 5 000 人被移动或下沉的房屋掩埋而失踪。美国地质调查局（USGS）给出的地震影响图显示，11 万人的正常生活受砂土液化流滑影响，影响区域约 300 km²。

帕卢地震流滑灾区位于帕鲁河两岸，其中 Balaroa、Petobo、Jono Oge、Sibalayaj 4 个地区的液化流滑最为严重。这 4 个地区处在山谷腹地，地势平坦，平均坡度在 1% ~ 5% 的缓坡区域，大面积土地因液化流滑被夷为平地。

(a)砂土液化前卫星云图　　　　　　　　　(b)液化滑移后卫星云图

图 1.26　Petobo 地区液化前后卫星对比图

收集灾民对震后液化滑移的直观感受,如以下描述:"大地像纸被揉碎了一样","土地像果冻一样失去了承载能力,房屋不断陷落其中","土壤被翻出,一直在翻滚","脚底突然开始流动","道路折叠,房屋翻滚","巨大的力量把建筑物横推出去 600 m"。

印尼地震液化的特点表现在:液化流滑区域多,液化流滑面积大,液化流滑区域坡度缓、流滑持续时间长。

第2章　砂土液化判别方法形成和发展

2.1　砂土液化的机理

广义上的液化是指土体在场地上表现出液体性状的现象。虽然国内外对液化定义有所不同，但本质上没有太大的分歧。液化的定义早在1978年就由"美国土木工程协会岩土工程分会土动力学委员会"给出，即"任何物质转化为液体的行为和转化的过程"。美国的地震专家H.B.seed教授用峰值循环孔隙水压力比定义土的液化，也就是说当初始有效约束压力与峰值循环孔隙水压力之比到达1时为初始液化。我国汪闻韶院士在1981年给出了无黏性土液化的定义："就非黏性土而言，由固体状态转变为液体状态时孔隙压力增大和有效应力减小的结果。"

土体液化机理研究领域存在着两种不同观点的典型代表，分别是美国西部H.B.Seed等人从液化应力状态出发进行的液化研究，美国东部A.Casagrande与G.Dastro等人从土体位移、变形的角度出发进行的液化研究。

第一种是H.B.Seed等人的观点：认为当土体的法向有效应力变为零时（$\sigma'=0$），即土体不具有任何抵抗剪切的能力，是液化发生的标志，这是从应力状态角度考虑的。当土壤在动荷载的作用下，任何一个时刻开始出现这种应力状态，即认为土壤液化达到初始状态。此后，动荷载持续的作用下，交替出现初始液化状态，表现出"循环流动性"（cyclic mobility），使土壤动态变形逐渐积累，最后出现土壤的整体强度破坏或超过实际的变形允许值。这个过程均需有初始液化的状态，否则不会有液化危险发生。随后Seed和Lee通过饱和密实砂固结不排水动三轴试验证明了这一现象的存在。循环流动性的产生不仅与砂土的密实度有关，而且与固结应力大小、固结应力比、往返动应力幅值以及震动次数等因素有关。研究结果表明，对于较密实的砂土（相对密实度达0.7），在适当条件下也会出现"初始液化"，并发生有限的流动。我国许多学者接受了这种观点。

另一种观点从土体位移、变形的角度出发，认为不必达到初始液化的应力条件，土体就可以液化。土体由于结构破坏和孔压上升而引起弱化，出现具有液化状态的流动破坏，就认为土体已经液化。Casagrande和Dastro的观点是：应力条件不是土体液化的唯一判别标准，液化所造成的破坏主要表现为变形、位移过大，更应该关注土的液化流动特性。两位专家认为研究液化的中心问题不是非要达到初始液化应力条件，而是防止土体出现流动状态。例如在水平自由表面的土体下，即便液化初始条件大范围出现，土体也不一定因为液化流动特性发生土体破坏；与此相反，很多时候土体孔压上升、结构破坏，出现流动性,表现出液化现象,这时的土体没有达到初始液化状态。Casagrande 早期提出的"临界孔隙比"ecr 的概念及"流动结构""稳态变形"和"稳态强度"等概念就源于"流滑"(flow slide)这一思想。1936 年 Casagrande 用 ecr 解释砂土液化问题,但是分析砂土层液化势时遇到了问题。"临界孔隙比"随固结应力大小而改变,不是一个常数。1975 年, Casagrande 和 Castro 重新定义了"临界孔隙比"的概念和试验方法。1977 年 Castro、1985 年 Poulous、1992 年 Castro、1993 年 Ishihara 以及 1995 年 Bazier 对液化流动特征的观点进一步完善。研究过程中 Castro,Robertson 等人的观点应用了 Casagrande 提出的临界孔隙比 ecr 的概念,将土分为剪缩性土和剪胀性土,并提出了稳态变形和稳态强度的概念。所谓稳态变形是指土在一定常法向有效应力和一定常剪应力作用下产生的常体积和常速度连续变形的状态(即流动变形),此时的剪应力即稳态强度。Casagrande 在固结不排水三轴试验中采用定荷加载方式,在实验室内观察到了"流动结构"的现象。由于具体的条件不同,这种流动破坏具有不同的形态。

综上所述,将砂土液化机理分为循环流动性(cyclic mobility)、流滑(flow slide)和沸砂(sand boil)3 种情况:

(1)循环流动性主要发生在中密和较密的饱和非黏性土中,是指土的剪缩和剪胀交替作用引起孔压交替升降而造成的间断性液化和有限制的流动性变形。

(2)流滑现象主要发生在排水不畅而且松散的饱和非黏性土中,是指在单向或往返剪切作用下由于不断剪缩,孔压不断升高和抗剪切强度骤降,引起的无限制流动性大变形。

(3)沸砂现象发生在饱和无黏性土中,是指地震引起孔压上升而有效应力下降,当孔压大于土的上覆压力时,出现喷水冒砂现象,整个过程和土的体应变无关。

2.2　我国液化判别方法的发展过程

国内外液化判别方法的研究是同一时期开始的。1961 年我国土力学学科的奠基人之一黄文熙院士倡导利用动三轴试验研究砂土液化问题。20 世纪 60 年代汪闻韶院士在黄文熙方法的基础上进一步研究,对 667 个动三轴试验数据进行统计,研究饱和砂土在动荷载作用下孔压上升、扩展、离散机理。

用标准贯入方法判别场地液化问题,是我国采用的主要判别方法。以通海地震、邢台地震的 58 例液化和非液化场地的数据为基础,中国科学院工程力学研究所给出了我国液化判别的第一个判别公式(确定分界线比较直观),后来形成了《工业与民用建筑抗震设计规范》(TJ 11—74)的液化判别公式,即

$$N_{cr} = N_0[1 + \alpha_w(d_w - 2) + \alpha_s(d_s - 3)] \tag{2.1}$$

式中,N_{cr} 为临界标准贯入击数;N_0 为临界标准贯入击数基准值(确定中,地下水位平均为 2 m,发生液化的深度在地表下平均为 3 m);α_w 为地下水位影响系数,确定为 -0.05;α_s 为埋深影响系数,确定为 0.125;d_w 为地下水位(m);d_s 为砂层埋深(m)。

当临界标准贯入击数大于实测标准贯入值时,判断为液化;反之,判断为非液化。

由于"74 规范"系数存在着一定的问题,谢君斐、刘颖等人对该液化判别方法进行了

一系列的讨论,由谢君斐给出相应修正系数:α_w 为"-0.1",α_s 为"0.1"。《建筑抗震设计规范》(GBJ 11—89) 采纳了修改意见。在《岩土工程勘察规范》(GB 50021—2001)(简称《岩规 2001》) 和《建筑抗震设计规范》(GB 50011—2001)(简称《建规 2001》) 中,对液化判别公式形式上没有改变,只是增加了 $15 \sim 20$ m 液化判别条件,即

$$N_{cr} = N_0 [0.9 + 0.1(d_s - d_w)] \sqrt{3/\rho_c}, \quad d_s \leqslant 15 \text{ m} \tag{2.2}$$

$$N_{cr} = N_0 (2.4 - 0.1 d_s) \sqrt{3/\rho_c}, \quad 15 < d_s \leqslant 20 \text{ m} \tag{2.3}$$

式中,N_{cr} 为临界标准贯入击数;N_0 为不同烈度下对应的标准贯入基数;d_s 为饱和土标准贯入点深度(m);d_w 为地下水位深度(m);ρ_c 为黏粒含量百分率。

在最新颁布的《建筑抗震设计规范》(GB 50011—2010)(简称《建规 2010》) 中对地面下深度 20 m 范围内的液化判别标准贯入击数临界值给予了一定的形式修正,但是也没有本质的变化,公式为

$$N_{cr} = N_0 \beta [\ln(0.6 d_s + 1.5) - 0.1 d_w] \sqrt{3/\rho_c} \tag{2.4}$$

式中,砂土 $\rho_c = 3$;β 为调整系数,根据地震不同分组取不同值。

我国基于标准贯入击数的液化判别方法源于国内外几次地震的实测数据,震后液化现场土层主要集中在浅层,在深层判别中缺少液化数据,导致深层液化判别临界曲线过于保守,这一问题有待于继续研究。

我国基于静力触探方法(CPT)的液化判别方法同样是以实际液化数据为基础,属于经验公式。该公式被纳入《铁路工程地质原位测试规程》(TB 10041—2003),国内采用的《岩规 2001》同样是依据震后液化现场的静力触探实测数据。以地震现场实测资料为基础,用判别函数法统计分析得出了静力触探试验液化判别方法缺少理论依据,浅层判别偏于保守,深层判别偏于危险,在本书后面章节将有详细阐述。

我国很多专家深入研究以剪切波速为指标的液化判别方法,得到了很多成果。

1984 年,石兆吉、王承春通过收集唐山地震粉土液化的数据,给出了一个针对粉土液化的判别公式,并纳入了《建筑地基基础设计规范》(TBJ 1—88),判别公式为

$$V_{s,cri} = V_{s,0} (d_s - 0.013 \, 3 d_s^2)^{0.5} \tag{2.5}$$

式中,$V_{s,cri}$ 为剪切波速临界值;$V_{s,0}$ 为剪切波速基准值。如果砂土剪切波速临界值 $V_{s,cri}$ 大于砂土实测波速值 V_s,判断为液化;反之,判断为非液化。

1986 年,石兆吉又将这一公式推广到砂土液化判别当中,公式的形式相同,只是剪切波速的基准值不同。

1988 年丁伯阳以灵武地震砂土液化为基础,提出了相应的液化判别公式,即

$$V_{s,cri} = V_{s,0} (d_s - 0.008 \, 65 d_s^2)^{0.5} \tag{2.6}$$

1990 年,谢生苏研究得出了饱和砂土和黏土的液化判别公式,即

$$V_{s,cri} = V_{s,0} (0.7 + 0.1 d_s)^{0.5}, \text{适合于砂土地区} \tag{2.7}$$

$$V_{s,cri} = V_{s,0} [1 + 0.1(d_s - \rho_c)]^{0.5}, \text{适合于粉土地区} \tag{2.8}$$

1990 年,刘颖根据标准贯入和剪切波速的转化经验关系,给出了相应的液化判别公式,即

$$V_{s,cri} = V_{s,0} [1.0 + 0.125(d_s - 3) d_s^{-0.25} - 0.05(d_w - 2) \sqrt{3/\rho_c}]^{0.2} \tag{2.9}$$

1993 年,石兆吉针对自己以前给出的液化判别公式中没涉及地下水位这一明显的漏洞,完善了公式(2.5)得到优化公式,即

$$V_{s,cri} = V_{s,0}(d_s - 0.013\ 3d_s^2)^{0.5}[1 - 0.185(d_w/d_s)]\sqrt{3/\rho_c} \tag{2.10}$$

式中,ρ_c 为黏粒含量(质量分数,%),当 $\rho_c < 3$ 时取 $\rho_c = 3$。

1996 年,陈国兴根据唐山地震中采集的 56 个液化场地和 21 个非液化场地的数据,建立了剪切波速临界值 $V_{s,cri}$ 和液化应力比 τ/σ'_v 的液化判别公式,即

$$V_{s,cri} = 36 + 812(\tau/\sigma'_v) - 1\ 113(\tau/\sigma'_v)^2 \tag{2.11}$$

2010 年,曹振中、袁晓铭针对汶川地震大范围砂砾石液化现象进行了深入研究,提出了相应的判别公式。

2021 年,袁晓铭、袁近远通过对大量液化数据的对比研究,理论分析给出了含剧烈地震动作用不同埋深砂土液化判别统一公式和砂土液化概率计算新方法。

2.3　国外液化判别方法的发展过程

在阿拉斯加地震、新潟地震发生后,1971 年 Seed 和 Idriss 发表了以"简化判别方法"为理论基础的液化判别方法,定义了地震中循环剪应力比(CSR)的计算,即

$$CSR = \frac{\tau_{av}}{\sigma'_v} = 0.65\frac{a_{max}}{g}\frac{\sigma_v}{\sigma'_v}r_d \tag{2.12}$$

式中,a_{max} 为地震作用下地面峰值加速度;g 为重力加速度;σ_v 为地震作用下地面上总应力;σ'_v 为地震作用下有效应力;r_d 为应力折减系数。

从这以后不断完善这个"简化判别方法",其中对这种方法的改良和发展有里程碑意义的是 Seed 和 Idriss 在 1979 年、1982 年、1985 年发表的 3 篇论文。1985 年,Robert V. Whitman 教授受美国国家研究委员会(NRC)资助,召集 36 位专家、学者对液化灾害评估进行了专门讨论,会议中对"简化判别方法"的改进已经被这个领域认可,成为液化灾害评估的标志和研究液化相关论文的主要参考文献。

1986 年,Liao 和 Whitman 给出了应力折减系数的估计公式,即

$$r_d = 1.0 - 0.007\ 65z, \quad z \leqslant 9.15\ m \tag{2.13}$$

$$r_d = 1.174 - 0.026\ 7z, \quad 9.15\ m < z \leqslant 23\ m \tag{2.14}$$

式中,z 为饱和砂土层埋深。

1996 年,T.F.Blake 给出了他研究的应力折减系数评估公式,即

$$r_d = \frac{1.000 - 0.411\ 3z^{0.5} + 0.040\ 52z + 0.001\ 753z^{1.5}}{1.000 - 0.417\ 7z^{0.5} + 0.057\ 29z - 0.006\ 205z^{1.5} + 0.001\ 210z^2} \tag{2.15}$$

1996 年,T.L.Youd 和 I.M.Idriss 召集 20 多位专家,依据近十年的科研成果研究发展液化判别简化方法。这次会议的研讨结果在 1997 年被整理出来。参照美国 NCEER(National Center for Earthquake Engineering Research) 推荐值,给出了震级缩放系数(MSF)具体为

$$MSF = \begin{cases} 10^{3.00}M_W^{-3.46}, & M_W < 7.0 \\ 10^{2.24}M_W^{-2.56}, & M_W \geqslant 7.0 \end{cases} \tag{2.16}$$

这时,"简化公式"就可以写为

$$\text{CSR} = \frac{\tau_{av}}{\sigma'_v} = 0.65 \frac{a_{max}}{g} \frac{\sigma_v}{\sigma'_v} r_d / \text{MSF} \quad (2.17)$$

在液化判别现场中还要提到另外一个概念,即循环阻力比或抗液化应力比(CRR),当计算 CSR 大于 CRR 时,判断为液化场地;反之,判断为非液化场地。

2001 年,T.L.Youd 和 I.M.Idriss 发表了总结报告,总结了在 1996 年美国国家地震工程研究中心(NCEER)、1998 年美国国家地震工程研究中心和美国自然科学基金委员会(NSF)资助下工作小组取得的研究成果,两位教授主要介绍了这个小组在砂土液化评估方面所取得的收获。报告比较了标准贯入试验(SPT)、静力触探试验(CPT)、波速试验(Vs)、贝克尔试验(BPT)4 种原位测试方法在液化评估中的优缺点,见表 2.1。

表 2.1　4 种原位测试方法在液化评估中的优缺点

特性	SPT	CPT	Vs	BPT
以往液化测试点	大量	大量	有限	少有
应力－应变测试特性	大应变	大应变	小应变	大应变
试验可重复性	可以	可以	可以	不可以
土样回收	可以	不可以	不可以	不可以
测试应用土体特性	非砂砾石	非砂砾石	都可以	砂砾石

国外很多专家研究了抗液化应力比在不同原位测试方法中的应用。

1983 年,Tokimastu 和 Yoshimi 在研究中给出了场地液化判别公式,并给出了相应的临界曲线。

1998 年,Liao 和 Law 各自给出了基于震源、震级、传递距离的液化判别公式,但是没有考虑地震峰值加速度,造成了很大的局限性。针对这个局限,1988 年 Liao 改进了相应的液化判别公式。

1990 年,日本桥梁设计规范中提出了基于标准贯入的液化判别方法,这种方法的数据来源是对现场标准贯入土样进行室内动三轴试验建立起来的,与其他以原位测试方法为数据基础建立起来的砂土液化判别方法是有区别的。

基于 SPT 的液化判别方法在早些年一直是比较粗糙的。到了 1998 年,A.F.Rauch 给出了纯净砂标准贯入试验的抗液化应力比公式,即

$$\text{CRR}_{7.5} = \frac{1}{34 - (N_1)_{60}} + \frac{(N_1)_{60}}{135} + \frac{50}{[10(N_1)_{60} + 45]^2} - \frac{1}{200} \quad (2.18)$$

式中,$(N_1)_{60}$ 是上覆压力为 100 kPa 同时锤击能为 60% 的标准贯入击数修正值。公式适用于 $(N_1)_{60} < 30$ 的情况;如果 $(N_1)_{60} > 30$,纯净土颗粒将非常密实以至于不会发生液化现象。

因为影响标准贯入测试结果的因素较多,后来对 $(N_1)_{60}$ 进行了修正,即

$$(N_1)_{60} = N_m C_N C_E C_B C_R C_S \quad (2.19)$$

式中,N_m 为测量的标准贯入值;C_N 为测量标准贯入值的修正系数;C_E 为锤击比修正值;

C_B 为钻孔深度修正值;C_R 为杆长修正值;C_S 为土样是否有内衬修正值。

其中,对 C_N 的修正有 Seed 和 Idriss 在 1982 年提出的公式,Liao 和 Whitman 在 1986 年提出的公式,即

$$C_N = (P_a/\sigma'_{vo})^{0.5} \tag{2.20}$$

$$C_N = 2.2/(1.2 + \sigma'_{vo}/P_a) \tag{2.21}$$

式中,P_a 为大气压强(100 kPa);σ'_{vo} 为有效上覆压力。

静力触探试验(CPT)具有快速、可获得连续数据、良好再现、操作方便等特点。连续的土体剖面可以细致地对土层进行划分,这是别的原位测试所不具有的优势。

1998 年,Robertson 和 Wride 提出纯净砂土的抗液化应力比,即

$$CRR_{7.5} = 0.833[(q_{c1N})_{cs}/1\,000] + 0.05, \quad q_{c1N} < 50 \tag{2.22}$$

$$CRR_{7.5} = 93[(q_{c1N})_{cs}/1\,000]^3 + 0.08, \quad 50 \leqslant q_{c1N} < 160 \tag{2.23}$$

式中,q_{c1N} 是修正到 100 kPa 的锥尖阻力值。

$$q_{c1N} = C_Q(q_c/P_a) \tag{2.24}$$

式中

$$C_Q = (P_a/\sigma'_{vo})^n \tag{2.25}$$

式中,C_Q 为锥尖阻力修正值;q_c 为锥尖阻力实测值;n 为不同砂土的特性指数。

1997 年,Olsen 根据不同土性的特点将 n 值定义为 $0.5 \sim 1.0$。

1980 年,Dobry 根据应变原理提出了基于砂土场地液化判别的剪切波速(V_s)方法,得到了广泛的关注,同时应用于工程实践中。1987 年,Sykora 将实测剪切波速(V_s)和上覆有效应力建立了联系,即

$$V_{s1} = V_s \left(\frac{P_a}{\sigma'_{vo}}\right)^{0.25} \tag{2.26}$$

式中,V_{s1} 为上覆压力下剪切波速的修正值。

1990 年,Finn 建立了液化应力比和临界修正剪切波速的液化判别方法。

1991 年,Tokmastu 和 Uchida 给出了砂土液化应力比和临界修正剪切波速之间的关系曲线图。

1997 年,Andrus 和 Stokoe 整理了世界上 26 次地震的数据,其中液化场地收集了 225 个点的剪切波速数据,完善了剪切波速现场试验对液化场地的判别,建立了抗液化应力比和波速之间的关系,如

$$CRR = a\left(\frac{V_{s1}}{100}\right)^2 + b\left(\frac{1}{V_{s1}^* - V_{s1}} - \frac{1}{V_{s1}^*}\right) \tag{2.27}$$

式中,V_{s1} 为修正剪切波速;V_{s1}^* 为液化时剪切波速的上限值。

由于标准贯入方法和静力触探方法受砂土类型的限制,不适于砂砾石地区。为解决这一问题,1996 年,Harder 在北美地区使用贝克尔方法(BPT)判别砂砾土场地的液化问题。这一方法通过相关的经验将贝克尔方法测量的数据转化为标准贯入数据,再用标准

贯入的液化判别方法对场地液化可能性进行判断,图2.1是BPT设备现场试验照片。该方法发展时间比较短,判别经验相对不是十分成熟,有待于进一步改进和完善。

柴油桩锤

套管

图2.1　BPT设备现场试验照片

2.4　本章小结

震害预防是减轻地震灾害最直接和最有效的手段,液化震害预防的第一步就是对工程场地进行液化预测和判别。液化判别方法的合理性和可靠性对工程震害防御和工程造价影响很大,是土动力学和地震工程的重要课题之一。

2003年我国新疆巴楚县－伽师县地区(简称"巴楚－伽师地区")发生的Ms6.8级地震出现了大范围的砂土液化现象,砂土液化规模与1975年海城地震相当,是继1976年唐山地震后几十年来中国大陆出现砂土液化现象最显著的一次地震,为砂土液化研究提供了根据。

本书以巴楚地震现场勘察为研究基础,详细介绍了该次地震砂土液化特征、液化影响因素、液化场地液化层判定、判别方法检验、液化场地埋深和水位的理论解答、新液化判别方法的形成等,期待读者对砂土液化和液化判别方法有一个全面的了解。

本书通过对巴楚地震液化现场调查,检验我国液化判别方法的适用性,期望对我国液化判别方法提供一些新的发现和进展,主要研究内容如下。

(1)完成巴楚地震液化场地的详细勘察,采用3种原位测试手段获取实测资料,完善、丰富和补充了我国液化实测数据,为研究提供了宝贵的基础资料。

(2)分析巴楚液化区工程地质条件,研究影响巴楚地震液化的外因和内因,包括地震强度、持时以及液化土级配、密实度、埋藏条件等,讨论巴楚地震的液化特征。

(3)依据巴楚液化场地实测数据,检查我国国家标准SPT和CPT液化判别方法的适用性。

（4）针对液化判别公式中地下水位和砂层埋深这两个重要参数，从理论上探讨这两个参数与液化势之间的关系，提出其理论解答，研究饱和砂土层埋深和地下水位变化对液化势影响的基本模式，揭示了这两种基本参数对液化势影响的一般规律。

（5）以巴楚地震液化场地现场原位测试和本书理论研究为基础，研究基于 SPT 和 CPT 液化判别模型的构造方法，提出适于新疆的液化判别公式，为我国液化判别公式的形成提供了一种研究方法。

第3章　巴楚地震概况及液化特征

3.1　引　言

本章通过资料的收集和整理,分析巴楚县地区(简称"巴楚地区")地质构造背景,针对 2003 年巴楚地震,讨论不同烈度区破坏特点,分析液化分布和液化破坏特征,初步分析巴楚地震强震区工程地质背景和液化成因。

3.2　巴楚地震背景

据《巴楚县志》记载,1902—1998 年该县发生 5 级以上地震有 40 次,其中 6 级以上地震 13 次。地震灾害造成该地区人员和财产的巨大损失。仅 1996—1998 年期间,地震就导致 47 人死亡,经济损失 14 亿元。《巴楚县志》记载的 20 世纪该地区发生的重要地震见表 3.1。

表 3.1　20 世纪巴楚地区发生的重要地震

地震时间	地震位置	震级大小
1904 年 2 月 5 日	北纬 40°,东经 78°	6.1 级
1953 年 7 月 10 日	北纬 39°,东经 78.3°	6 级
1961 年 4 月 4 日	北纬 99.8°,东经 77.9°	6.4 级
1972 年 1 月 16 日	北纬 40.2°,东经 79°	6.2 级
1996 年 3 月	伽师—阿图什地区	6.9 级
1997 年 1 月 21 日	伽师县地区	6.3 级
1997 年 4 月 6—16 日	伽师县地区	6 级以上地震 3 次
1998 年 8 月 27 日	伽师县地区	6.6 级

巴楚—伽师地区地震频发,源于其独特的地质背景。地震学家将这一地区称为"伽师强震群区",国家对"伽师强震群区"也进行了专项研究。

下面是巴楚—伽师地区地质构造的具体情况。

一方面,巴楚—伽师地区位于印度洋板块和欧亚大陆板块之间,而印度洋板块每年以 10 mm 的速度向北推挤欧亚大陆板块,此地带极易发生地震;另一方面因该地区地形为"三山夹两盆"(北方是阿尔泰山,南边是昆仑山,中间位置有天山山脉,把新疆分为南北两半:南部是塔里木盆地,北部是准噶尔盆地),这种次级板块本身也易引发地震。

　　从地震构造背景看,巴楚地震发生在塔里木盆地的西北部,处于塔里木盆地内部喀什拗陷与巴楚隆起过渡地带的麦盖提斜坡上。喀什拗陷的新时代沉积物最厚达 6 000 m,巴楚隆起新生代沉积仅数百米左右,两侧地壳运动存在着巨大的差异。

　　印度板块与欧亚板块的碰撞,特别是喜马拉雅构造带 — 帕米尔向北楔入运动,致使西昆仑山和西南天山地区现在构造运动强烈。在受到南北向挤压作用的同时,又具有顺时针剪切作用。此外帕米尔地区是亚洲大陆内部的深俯冲带,塔里木板块下插到西昆仑－帕米尔下部地幔 300 km 深处,同时形成西昆仑山前的前渊拗陷 —— 喀什拗陷,塔里木盆地基底弯曲折断变形,使伽师地震区受到引张变形,容易发生地震,图 3.1、图 3.2 为2003 年伽师地区两次地震的震源机制解。

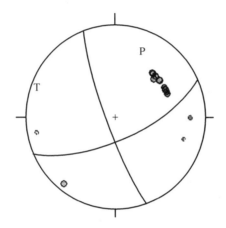

图 3.1　2003 年 1 月 4 日伽师 5.4 级地震震源机制解

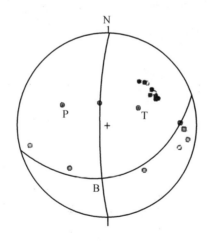

图 3.2　2003 年 2 月 24 日伽师 6.8 级地震震源机制解

　　塔里木盆地的西部受到上述作用的影响,表现出新生代活动的特点。根据石油物探和中国地震局伽师课题的研究结果,巴楚地震震中所在位置处于地幔速度异常区、地壳厚度变化带上,在沉积基底内存在近东西向和 NNW("NNW"为"北北西"的英文缩写)向的断裂构造。其中 NNW 向的剪切断层已经进入沉积盖层中。1997—1998 年 5 级以上地震的分布显示还存在 NEE("NEE"为"北东东"的英文缩写)向张剪性断裂。此次地震的余震分布和震源机制解结果表明,发震构造与 NNW 向和 NEE 向断裂活动有关。

在宏观震中见到的定向排列的地裂缝带也呈 NNW 向排列,进一步说明 NNW 向断裂在此次地震中发生了错动。

1996 年以来西南天山地区和塔里木盆地西部地震频繁发生,表明该地区已经进入地震非常活跃的时期;地震地质作用的初步结果也显示该地区的能量积累已经达到发生 7 级左右地震的水平。

3.3　地震不同烈度区特征

2003 年 2 月 24 日巴楚地区发生 6.8 级地震后,中国地震局组织新疆地震局、中国地震局工程力学研究所、中国地震局地球物理研究所等多个研究部门进行现场考察,根据《中国地震烈度表》(GB/T 17742—1999)、《地震现场工作　第三部分:调查规范》(GB/T 18208.3—2000)的相关规定将地震影响范围划分为 4 个烈度区,其中极震区为 Ⅸ 度区。

3.3.1　不同烈度区的主要标志

Ⅸ 度区:震感强烈,行人站立不稳,个别摔倒,许多人来不及逃出;土木结构房屋大多数毁坏,砖木房屋多数严重破坏或毁坏,砖混房屋部分严重破坏或毁坏;木架结构房屋部分中度或轻微破坏;水塔折断,见图 3.3;大面积出现"喷水冒砂"等液化震害现象,地裂缝发育,地裂缝在干硬土上大规模出现。

图 3.3　地震导致水塔折断

Ⅷ度区：所有人震感强烈，站立不稳，仓皇逃出；土木结构房屋部分毁坏，大多数严重或中度破坏，普遍有裂缝出现；砖木房屋普遍裂缝，部分达到中度破坏；砖混房屋部分有裂缝出现，个别达到中等破坏，见图 3.4；木板房基本完好，个别出现裂缝；部分围墙倒塌；地下水位低的地区普遍出现喷水冒砂，并伴有地裂缝；河岸张裂，柏油路面出现裂缝。

图 3.4　Ⅷ度区中等破坏的房屋

Ⅶ度区：所有人震感强烈，仓皇逃出；土木结构房屋普遍裂缝，部分中度破坏，个别严重破坏；砖木房屋部分出现裂缝，轻微破坏；砖混房屋基本完好，个别出现裂缝；部分河床和地漫滩上出现喷水冒砂现象。

Ⅵ度区：大部分人惊慌逃出室外，不稳定器物翻倒落地；土木房屋部分出现裂缝，个别中度至严重破坏；砖木房屋个别出现裂缝，轻微破坏；砖混房屋基本完好。

3.3.2　地震烈度分区特征

1.Ⅸ度区

巴楚地震烈度在极震区达到 Ⅸ 度，区内建筑物破坏严重（图 3.5）；区内遍布大面积喷水冒砂等砂土液化震害现象。区内北部沙漠地区还发育总延伸长度超过 5 km 的地裂缝带，并与发震构造有关；此次地震的死亡人员集中在该区内。据此判断极震区的地震烈度达到 Ⅸ 度。

Ⅸ 度范围呈 NNW 至近 SN（"SN" 为 "南北" 的英文缩写）向的狭长椭圆。南部边界位于巴楚县琼库尔恰克乡乡政府南，北部边界至巴楚—伽师交界的沙漠地带（琼五井以北）。长轴为 38 km，NW 方向；短轴为 14 km，面积达 421 km² 左右。包括琼库尔恰克乡的 1 村、2 村、5 村、6 村、17 村、18 村、19 村、20 村、22 村、乡政府所在地，以及英吾斯塘乡的 5 村、12 村、13 村和 15 村等。

(a)破坏的教室　　　　　　　　　　　　　　　(b)破坏的商铺

图 3.5　Ⅸ度区内建筑物破坏严重

震害特征主要表现如下。

土木房屋全部毁坏,其中 60% ～ 70% 完全倒塌,顶棚落地。可以看出,地震的破坏作用远远大于当地土木结构的抗震能力。

砖木房屋 80% 毁坏或严重破坏,50% 以上倒塌;特别是没有抗震设防措施的老旧砖木结构房屋几乎全部毁坏。位于 Ⅸ 度中心区域的砖木房屋无论新旧全部毁坏,部分或全部倒塌。据调查 5 村、6 村、18 村的学校砖木房屋均严重破坏。区内围墙几乎全部倒塌或局部倒塌。位于该区边缘的琼库尔恰克乡乡政府所在地(巴扎村),砖木房屋 60% 毁坏,其他大部分严重破坏,倒塌率在 30% 左右。新建的砖木和砖混房屋 30% 轻微破坏;砖木结构民房大量倒塌,琼库尔恰克乡门面房大量倒塌。个别未经设防的砖混房屋也大量毁坏,如琼库尔恰克乡轧花厂轧花车间沉砂池毁坏。琼库尔恰克乡乡政府办公楼(3 层,局部 4 层)毁坏。农业银行储蓄所新建 2 层砖混楼房横梁下弯,轻度破坏;个别私人 2 层砖混、砖木混合建筑严重破坏。邮电所(2 层砖混)、轧花厂棉检楼(2 层砖混)则基本完好。个别木板房轻微破坏。

Ⅸ 区大面积喷水冒砂,最大喷砂孔直径达 3 m,6 村小学操场因喷水冒砂而积水成潭;柏油路面多处裂缝,松软地面出现不规则张裂缝;河岸张裂崩塌。

在伽师－巴楚交界的沙漠地带发现有 NW 向排列的地裂缝带,位于地裂缝带内的塔西南油田琼五井 30 cm 厚的水泥井台被错断。在琼五井北约 5 km 的沙漠低地中可见类似的地裂缝,据此判断地裂缝延伸 5 km 以上。

2.Ⅷ 度区

Ⅷ 度区包括巴楚县的琼库尔恰克乡、色力布亚镇、阿拉格尔乡和英吾斯塘乡的部分村庄。根据调查,Ⅷ 度区长轴为 59 km,走向 NW,短轴为 42 km,面积达 1 573 km²。Ⅷ度区土木民宅及牲畜棚圈 80% 严重破坏,其中 30% 倒塌。砖木房屋普遍出现裂缝,50% 严重破坏,但未倒塌,部分砖混结构房屋严重破坏,如阿拉格尔乡乡政府办公楼。

宏观破坏现象如下。

Ⅷ度区内也普遍发育砂土液化和喷水冒砂现象。英吾斯塘乡 13 村低洼地见大面积喷水冒砂现象,伴随有长 20～30 m 的地裂缝。喷砂孔直径可达 20～30 cm,相对Ⅸ度区的喷水冒砂现象要弱一些;Ⅷ度区其他地区的喷水冒砂现象也多分布在地势低洼、地下水位较高的地区,如阿拉格尔乡叶尔羌河两岸出现规模较小的喷水冒砂现象。

3.Ⅶ 度区

Ⅶ度区包括巴楚县西南部、岳普湖县东部、伽师县南部、麦盖提县北部、农三师 42 团等。长轴为 95 km,NNE 方向,短轴为 92 km,面积达 4 999 km²。其分布方向与高烈度区不同,转向 NEE 方向,与 NW 向发震构造相反。

Ⅶ度区土木结构房屋普遍发生裂缝,但以轻微破坏为主,个别房屋受到严重破坏,或局部倒塌,没有人员死亡。砖木房屋也有轻微破坏,表现为墙体、窗角、门框裂缝,砖砌围墙有部分倒塌。砖混结构楼房有个别受到轻微破坏,主要是槽型板之间裂缝。

相对而言,位于相同位置的农三师 42 团比较正规的砖木建筑比地方同类建筑破坏轻。值得注意的是距离宏观震中 70 多公里的岳普湖县城内,有个别砖混结构房屋遭到中度破坏。县城自来水管线多处震裂。

Ⅶ度区内仍然存在砂土液化现象,伽师 3 乡龙口克孜河岸边分布有小面积喷水冒砂区,喷砂孔直径 20～30 cm。在龙口以南约 6 km,克孜河南岸沼泽地带见到规模较大的喷水冒砂现象,并伴随有地裂缝,可能已接近或进入Ⅶ度区。据称再向东南有规模很大的地裂缝和喷水冒砂现象,可惜沼泽地区无法到达。

4.Ⅵ 度区

Ⅵ度区北边到达伽师县西克尔以北地区,东边到达岳普湖县、伽师县西边和阿图什市东部格达梁乡,西边到达巴楚县城,南边到达麦盖提县孜库勒村,包括巴楚县、岳普湖县、伽师县、麦盖提县北部、莎车县局部和阿图什市局部,以及兵团农三师部分团场。

据比较,哈拉峻的破坏程度较岳普湖县城严重,属于Ⅵ度强。

据观察,2 月底正值哈拉峻盆地融雪季节,地下水位升高,砂土饱含水分,场地条件较差。这可能是哈拉峻的烈度异常偏高的原因之一。此外,哈拉峻盆地属于山间盆地,堆积了较厚的松软粉细砂层,盆地效应可能是烈度异常的另一原因。

烈度分布特征与震源和场地条件的关系如下。

根据烈度调查结果,本次地震的高烈度区长轴方向为 NW 向,与 NW 向或 NNW 向发震构造方向一致,受到发震构造控制。同时极震区位于微观震中的东南侧,反映出地震的破裂过程可能是自 NW 向 ES 破裂。宏观震中以北发现的 NNW 向与构造有关的地裂缝带,可能反映了发震构造的部分信息。

地震 Ⅵ度区的长轴方向为 NEE 向,并不平行发震构造方向,但与流经灾区的叶尔羌河、岳普湖河和克孜河方向一致;地表的喷水冒砂、砂土液化现象与河流分布一致。极灾区的分布也多位于叶尔羌河流与 NNW 向发震构造的交会部位。说明此次地震的破坏与塔里木盆地内叶尔羌河、岳普湖河以及克孜河流域松散的粉砂、粉土、细砂质场地土和较高的地下水位有关。

哈拉峻乡的烈度异常,以及岳普湖县城较高的烈度异常,说明盆地结构对地震波具有放大效应。在极震区,1997—1998 年伽师强震群后建设的砖混房屋普遍采取了抗震措施,此次地震中这部分采取抗震措施的房屋受损较小。

3.4　巴楚地震砂土液化特征分析

灾区主要位于喀什市地区,包括叶尔羌河、克孜河、岳普湖河流域的巴楚县、岳普湖县、伽师县、麦盖提县和莎车县局部,此外包括阿图什市的部分地区。除中部伽师县西南和巴楚县东部为沙漠地区外,大部分地区人口密集,村庄遍布。考察队开展了较细致的烈度调查,共抽样调查 105 个村、镇、团和连队,约为灾区村、镇、团、连队的九分之一,大致分为 4 个方向控制烈度分布。

同时在地震灾区发现各个烈度圈内均有大量砂土液化引起的震害,高烈度区这种现象尤为明显。

3.4.1　液化场地分布

主要的液化带分布在琼库尔恰克乡和色力布亚镇河流附近,该地区地下水位浅,土层相对密度较低。

(1)震中 Ⅸ 度区、Ⅷ 度区附近,处在叶尔羌河北岸地区,有纵横交错河道,该地区地下水位高,砂土分布广泛,震后液化分布极为普遍,液化场地在地图上呈带状分布。

典型液化现场情况如下:克孜努尔中学(勘察点 sy06,Ⅸ 度区)操场上大面积冒砂积水,分布单个砂孔(砂坑)、串状砂孔、喷水冒砂带等多种形式的砂土液化现象,见图 3.6。

图 3.6　克孜努尔中学液化现场

　　色力布亚镇 6 大队 3 小队(勘察点 sy14,Ⅸ度区),喷水冒砂出现孤立大砂坑,坑深 0.95 m,直径约 2.5 m,见图 3.7,该图片由时任中国地震局地震工程研究中心陆鸣研究员提供。

图 3.7　色力布亚镇 6 大队 3 小队液化现场孤立大砂坑

　　英吾斯塘 14 大队(勘察点 sy16,Ⅷ度区),水塘附近地震后出现地裂缝,并有珠串状液化孔出现,液化现场见图 3.8。

图 3.8　英吾斯塘 14 大队液化现场

协海尔吾斯塘大桥(N39°14′08″,W77°43′30″),河流东岸 1 m 的漫滩上,喷水冒砂孔、地裂缝广泛分布。最大裂缝长 15 m × 宽 40 cm × 深 1 m。裂缝顺河发育,河西岸的水泥护坡产生多排裂缝。在桥墩附近,除发育裂缝外,还有挤压垅脊,液化现场见图 3.9。

图 3.9   协海尔吾斯塘大桥桥墩液化现场

(2)沿河流流向集中分布液化场地和裂缝带:协海尔吾斯塘河流经的北部较低的漫滩上,分布着大量砂土液化喷砂孔,地裂缝沿河流方向发育,而在协海尔吾斯塘河南部地区,较高的地表面未发现砂土液化现象。说明在高水位的地表面容易发生砂土液化现象。另外据资料显示,叶尔羌河南部地区也分布着零星砂土液化现象。

(3)沿 NNW 向构造线发育:沿极震区的 NNW 方向,在科克铁提沙漠河床低地以及距离极震区 50 km 的伽师县三乡龙口村附近的沙漠北部,均发现砂土液化喷水冒砂孔。这些喷水冒砂点沿 NNW 方向分布,从不同的地貌穿过,反映了可能存在受构造因素的影响。在对科克铁提沙漠河床现场勘查时,稍大震动时就会有水从地下渗出,见图3.10,也反映了该地区地下水位高、地震后易发生液化现象的特征。

图 3.10　现场稍大震动就会有水从地下渗出

3.4.2　砂土液化导致的地表震害

1.公路桥梁破坏

震后液化震害引起公路出现多处裂缝,新疆巴莎公路尤为明显,主要裂缝形式有顺路方向裂缝和路边坡裂缝,见图 3.11。

(a)顺路方向裂缝

(b)路边坡裂缝

图 3.11　液化导致公路裂缝

巴莎公路上协海尔吾斯塘大桥桥墩附近的地基由于受喷水冒砂影响,遭受一定程度的损坏,见图 3.12。

(a)桥墩地基破坏1　　　　　　　　　　　　　(b)桥墩地基破坏2

图 3.12　　液化造成的桥墩地基损坏

2.地基不均匀沉降

砂土液化区引起地基不均匀沉降,从而致使工程设施和建筑物出现不同程度的破坏。图 3.13 所示为砂土液化导致地基不均匀沉降,使得多处负荷变压器的电线杆出现倾斜,无法正常使用。

(a)电线杆破坏1　　　　　　　　　　　　　(b)电线杆破坏2

图 3.13　　砂土液化导致电线杆倾斜

3.建筑物开裂

砂土液化造成的地裂缝,引起上部建筑物开裂破坏,砂土液化导致琼五井水泥台基开裂见图 3.14。

(a)台基破坏1　　　　　　　　　　　　　　(b)台基破坏2

图 3.14　砂土液化导致琼五井水泥台基开裂

4.水利设施破坏

喷水冒砂导致水井和管道破坏。琼库尔恰克乡 6 村(N39°17′55″,W77°38′59″),这一地区多处喷水冒砂,最大的形成长为 3.2 m×宽 2.2 m×深为 1.3 m 大坑,当地村民介绍喷水最高达 3 m,并伴有气体溢出。附近农机井距该最大液化孔 20 m,泵管道在喷水冒砂后上升 30 cm,见图 3.15。

图 3.15　喷水冒砂导致附近泵管道上升

5.农田破坏

巴楚－伽师地区农田由于地下水位高、砂土分布广泛,喷水冒砂、地裂缝等液化现象极为普遍,造成大量农田被砂土覆盖,甚至有些地区喷水成塘,液化造成的农田大面积破坏见图 3.16。

(a)农田破坏1　　　　　　　　　　　　　(b)农田破坏2

图 3.16　　液化造成的农田大面积破坏

6.学校操场破坏

巴楚－伽师地区多个学校受砂土液化破坏严重。例如:琼库尔恰克乡 18 村中学(勘察点 sy07,Ⅸ 度区)地震后操场全被喷水淹没,见图 3.17。

图 3.17　　液化造成操场全被喷水淹没

3.4.3　巴楚县地质岩性分析

2003 年底,国家财政部投资 150 万元,立项开展了"巴楚－伽师 Ms6.8 级地震灾区地震小区划"研究工作。工作时间为 2003 年 10 月—2004 年 6 月。新疆地震局防御自然灾害研究所承担了其中的"场地工程地质条件综合评价"研究工作。

该课题组在巴楚县结合水文、地质资料,设计了 12 个钻孔,发现地表下 100 m 范围内都是"晚更新世 ～ 全新世冲积相松散"土层,将土层划分为 3 层,从上到下分别如下。

1.全新世冲积漫滩相(Q4al)

近地表为层状粉质黏土、粉土夹粉砂。

2.晚更新世 ～ 全新世期冲积河床相(Q4al ～ Q3al)

埋深在 4.1 ～ 10.1 m,为厚层状细砂和中砂。

3.晚更新世中期冲积河漫滩相(Q3al)

埋深在 50.0 ～ 59.2 m,为互层状粉土、粉砂夹细砂层。

巴楚地区地质钻孔柱状表见表 3.2。

表 3.2　巴楚地区地质钻孔柱状表

阿拉格尔乡钻孔柱状表

深度 /m	厚度 /m	岩性描述
7.25	7.25	粉土:黄褐色,结构松散、湿润,含植物根系
19.25	12.00	粉土含砾:青灰色,结构松散、潮湿,砾石砾径 0.2 ～ 1.0 cm,主要成分为长石、石英、砂岩等
43.25	36.00	中砂:灰白、青灰色,结构松散、饱水,主要成分为石英及云母碎屑
47.25	4.00	粉土含砾:棕黄色,结构较致密、湿润,砾石坚硬,砾径 0.2 ～ 0.5 cm
94.07	46.82	细砂:青灰色,结构松散、饱水,矿物成分为石英、长石及绢云母等碎屑
97.07	3.00	粉土:灰白、灰绿色,结构密实、湿润
102.40	5.33	粉砂:青灰或灰白色,结构松散、饱水

英吾斯塘乡水文地质钻孔柱状表

深度 /m	厚度 /m	岩性描述
1.50	1.50	粉土:黄色,结构疏松,微潮湿,含较多植物根系
56.00	54.50	细砂:青灰色,结构疏松、潮湿,呈饱和状,矿物成分以云母、石英、碎屑物质为主,含有少量粉土
62.50	6.50	粉质黏土:土黄色,结构较致密、潮湿,用手可搓成细条,含大量钙质胶结,透水性差
106.64	44.14	中细砂:青灰色,结构松散,呈饱和状,颗粒均匀,含水,透水性好,成分以石英、云母、碎屑为主

续表 3.2

巴楚县城内钻孔柱状表

深度 /m	厚度 /m	岩性描述
5.0	5.0	粉土与粉质黏土互层
32.5	27.0	粉砂含细砂,灰色颗粒向下渐粗,夹有多层薄层粉土,内有泥状粉砂及泥质结核,矿物成分以石英为主,其次为长石及黑色矿物质
50.0	8.0	中砂夹细砂;粒径粗维相同,在细砂清层中是粉砂凸镜体,颜色为暗灰色,细砂
63.0	13.0	层均为暗黄灰绿色。干后浅灰色,粒质不均匀,矿物成分为石英为主,其次是绿色矿物及少量云母片,砂层中有层植物及植物透体和钙质结核,有薄层粉砂及粉
72.6	9.4	土并为渐变关系
81.7	9.1	粉土:夹薄层粉砂,灰色,干后密实。粉砂含细砂;暗黄绿色、湿、松散。粉质黏土:灰黄色,有浅灰色条纹及粉砂薄层,是水平层理
108.0	27.3	粉砂:浅黄色,粒细均匀,矿物成分为石英,其次为长石、云母片层,少量黑色矿物
111.4	7.4	粉土:淡黄色较松散,干后密实,不均匀的钙质胶结
124.0	12.6	粉砂:湿、淡黄色,干为土黄色,颗粒均匀,底部有 0.8 m 厚钙质胶结层,其胶结物为灰色角砾石,有薄层理
132.4	8.39	粉土:潮湿,密实,微胶结,有少量锰质斑点
140.3	7.97	钙质胶结、角砾石和粉土互层,胶结物黑白相间,角砾石为薄灰岩,并含有方砾石晶体质的石英为主的粗砂凸镜体和粉砂薄层

3.4.4　水文地质条件

灾区位于天山南麓塔里木盆地西北缘喀什噶尔河、叶尔羌河冲积平原上,地势西北高、东南低,自然坡度千分之一。气候属暖温带大陆型气候,降水稀少,蒸发量大,导致该地区地表土层盐碱化严重,地基土属强盐渍土,地表普遍发育灰白色盐壳。境内主要河流为喀什噶尔河、叶尔羌河以及一些较小的支流,都呈北东和东西向展布。根据伽师县境内分布的十几个水井钻孔资料,地下水位埋深仅为 0~5 m,属中软场地土,是砂土液化发生相当普遍的地区。

对重灾区巴楚县和琼一色灾区进行了详细的水文地质勘察,勘察结果如下。

1.巴楚县城地质水文条件

场地地下水赋存于叶尔羌河冲积平原第四纪松散细粒土层中,地下水埋藏形式以潜水为主。含水层除上覆薄层粉砂层外,主要为厚层细砂和中砂层,渗透系数 3.86～10.62 m/d,平均值为 6.89 m/d。主要接受来自叶尔羌河水平侧向补给,其次为南天山山前径流补给,以垂直蒸发和由东向西至下游径流排泄。地下水位高,在古河道和洼地可见地下水直接出露地表。本次工作结合水文地质与工程地质资料揭示,县城地下水埋深范围为 1.9～5.1 m,平均值为 3.3 m。

2.琼库尔恰克乡－色力布亚镇灾区地质水文条件

地下水赋存于叶尔羌河冲积平原第四纪松散细粒土层中,地下水埋藏形式以潜水为主,局部具承压性质。接受来自叶尔羌河水平侧向补给,以垂直蒸发和由东南向西北至下游径流排泄。含水层为厚层的细砂和中砂层,渗透系数 3.37 ～ 11.94 m/d,平均值为 9.08 m/d。该区域内叶尔羌河改道频繁,古河道和牛扼湖发育,造成局部场地呈槽洼状,地下潜水直接出露于地表。勘探揭示琼库尔恰克乡－色力布亚镇灾区地下水埋深大体范围为 0.6 ～ 4.6 m,平均值为 2.3 m。

3.5　本 章 小 结

通过资料的收集和整理,研究了巴楚地区地质构造背景,特别对 2003 年巴楚地震破坏特点和液化特征进行了分析,初步研究了强震区工程地质背景和液化成因,主要工作和结果如下。

(1)巴楚－伽师地区具有地震多发特点,砂土分布广泛,地下水位较浅,是一个研究地震液化的良好试验场,对其液化情况进行详细研究具有重要意义。

(2)2003 年巴楚地震中发生了大规模的砂土液化现象,是邢台地震、通海地震、海城地震、唐山地震后近 30 多年来,中国大陆境内出现砂土液化现象最显著的一次地震,为砂土液化现象的研究提供了宝贵的素材。2003 年巴楚地震砂土液化现象广泛分布,在北东方向距宏观震中 40 km 及 NNW 方向距宏观震中 50 km 地区内均有发生,液化区面积与海城地震相当,但比唐山地震小得多。

(3)巴楚地震液化主要分布在叶尔羌河北岸的低地,沿协海尔吾斯塘河流域液化场地也有分布,沼泽地和沙漠低地液化是这次地震液化独特之处,具有研究价值。巴楚地震液化在 Ⅶ、Ⅷ、Ⅸ 度地区都有分布,液化最严重的主要位于 Ⅷ 度区和 Ⅸ 度区,为补充高烈度区液化基础资料提供了条件。

(4)巴楚地震砂土液化喷砂量与唐山地震、海城地震相比少,单孔喷砂量不大,分布在广大乡村地区,液化震害相对于我国海城地震轻,但有多处喷水成湖塘,这也是此次地震液化的一个特点。

第 4 章 巴楚地震勘察及液化影响因素

4.1 引　言

原位测试是获取液化场地信息和发展液化判别方法最重要的技术手段,本章使用 3 种原位测试手段对巴楚地震液化场地进行详细勘察,并通过多种原位测试数据的对比,判定液化层和非液化层的部位。

砂土液化一直是土动力学和地震工程学研究的重要问题。地震荷载作用下饱和砂土液化是一种非常复杂的现象,影响因素很多,土体的物理性质、边界条件和受力状态,都制约着它的产生、发展和消散。总的来说,可以从外因和内因两方面进行分析,外因包括地震强度和持时;而土性特点、级配特征、砂土密实度、埋藏条件等就属于内因范畴。

研究人员在巴楚地震现场进行了勘察和原位测试,包括 23 个液化场地和 18 个非液化场地,获取了 47 个标准贯入试验数据(含新疆地震局提供 7 个)、39 个静力触探试验数据、40 个波速试验数据,现场取土样 192 个。通过互相参照的方式,判定了液化和非液化层的位置。

本章通过对比分析,研究巴楚地震液化影响因素,包括地震强度、持时以及土性特点、级配特征、砂土密实度、埋藏条件等,以期得到影响巴楚地震砂土液化的各个因素的基本特征。

4.2　场地勘察分布概况

2009 年 9 月,研究人员对巴楚地震液化场地进行再勘察。本次勘察工作使我国液化数据库在数量和质量上均明显提高,每一种原位测试的数据都极大地丰富了该种测试的液化库数据。更为可贵的是 3 种原位测试技术在液化现场的联合应用,填补了我国液化数据库的空白,具体原位测试勘察场地具体说明见表 4.1,现场勘察对我国液化数据库的明细补充见表 4.2。

表 4.1　巴楚地震原位测试勘察场地具体说明

烈度	标准贯入测试(SPT)		静力触探测试(CPT)	
	总计	具体说明	总计	具体说明
Ⅸ 度区	12 个	液化场地:6 个	12 个	液化场地:6 个
		非液化场地:6 个		非液化场地:6 个
Ⅷ 度区	23 个	液化场地:8 个	18 个	液化场地:9 个
		非液化场地:15 个		非液化场地:9 个
Ⅶ 度区	12 个	液化场地:7 个	10 个	液化场地:7 个
		非液化场地:5 个		非液化场地:3 个
各烈度区合计	47 个	液化场地:21 个	40 个	液化场地:22 个
		非液化场地:26 个		非液化场地:18 个

注:新疆地震局提供 7 个场地的 SPT 原始资料

表 4.2　现场勘察对我国液化数据库的明细补充

	原有 / 个	增加 / 个	现有 / 个	增加量
SPT	119	47	166	40%
CPT	47	40	87	85%
Vs	30	40	70	133%
3 种指标联合测试	0	40	40	

　　本次现场勘察范围包括巴楚县城和琼库尔恰克乡－色力布亚镇灾区,后者的主要勘察点位于巴楚地震灾区的 Ⅷ 度和 Ⅸ 度区。

　　巴楚县城的工作范围包括巴楚县城已建和规划城区,地理坐标为东经 78°32′00″～79°34′15″,北纬 39°46′10″～39°48′30″,总面积为 13.4 km²。

　　巴楚县琼库尔恰克乡－色力布亚镇灾区除涵盖琼库尔恰克乡和色力布亚镇属乡村,还包括英吾斯塘乡、阿拉格尔乡及麦盖提县吐曼塔勒乡等部分乡村。其地理坐标为东经 77°39′20″～77°58′55″,北纬 39°09′45″～39°25′30″,总面积为 625 km²。

　　重点勘探和试验区为琼库尔恰克乡－色力布亚镇,呈条带区域分布,震中以南人口较密集的琼库尔恰克乡和色力布亚镇 Ⅷ、Ⅸ 区为重灾区,巴楚地震原位测试各烈度区勘察点见图 4.1。

　　现场原位测试主要分布在 Ⅸ、Ⅷ、Ⅶ 3 个烈度区的人口密集地带。经过前期资料统计、整理、核实后编排了液化场地的具体位置,非液化场地选择原则是:距离液化场地 1 km 范围内。各烈度区砂土液化勘察点、非液化勘察点的地理位置,液化场地、非液化场地的坐标位置,各勘察点液化场地的具体资料见表4.3～4.8,相应的各烈度区勘察点见图 4.2～4.7。

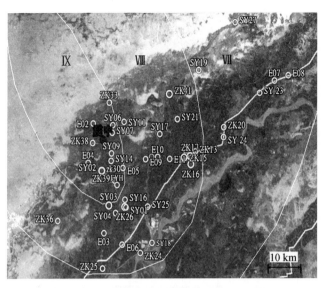

图 4.1　　巴楚地震原位测试各烈度区勘察点

表 4.3　Ⅸ 度区原位测试液化场地具体资料

烈度	序号	地名	坐标	液化描述
Ⅸ	SY06	克孜努尔中学	N39°21′10.4″,E77°39′21.1″	操场内出现大面积喷砂积水,可见多个小喷砂孔
Ⅸ	SY07	琼库尔恰克乡18大队	N39°20.533′,E77°39.233′	喷水冒砂致使地基失稳,导致很多房屋倒塌
Ⅸ	SY09	琼库尔恰克乡附近	N39°18′47.0″,E77°39′02.6″	该区域发现多处喷水冒砂孔,喷出物为青灰色粉细砂,喷砂孔径最大为 3 m。大量小喷砂孔。积水形成几百米的水塘。该区域发育两条张性裂缝,1 条宽为 2 cm,长为 8 m,南北向;另一条长为 20 m,南北向
Ⅸ	SY12	琼库尔恰克乡5大队小学前	N39°17′23.5″,E77°39′02.8″	局部有小喷水冒砂孔
Ⅸ	SY14	色力布亚镇6大队 3 小队	N39°18′09.4″,E77°38′57.7″	喷水冒砂出现大坑,长为 2.5 m,宽为 1.7 m,深为 0.95 m,砂厚为0.2 m
Ⅸ	ZK30	琼库尔恰克乡5大队 6 小队	N39°17′21.8″,E77°37′42.0″	学校操场有喷水冒砂孔 2 个,直径为 15 cm,排列方向为230°,砂面积为1.5 m×1.5 m

表 4.4　Ⅸ 度区原位测试非液化场地具体资料

烈度	序号	地名	坐标	液化描述
Ⅸ	E02	琼库尔恰克乡 26 大队	N39°21′25.0″,E77°36′48.3″	非液化场地
Ⅸ	E04	琼库尔恰克乡 27 大队 2 小队哈里小学前	N39°18′06.5″,E77°35′58.4″	非液化场地
Ⅸ	E05	琼库尔恰克乡 9 大队 1 小队	N39°17′29.7″,E77°40′29.6″	非液化场地
Ⅸ	ZK33	琼库尔恰克乡附近	N39°23′06.1″,E77°39′00.1″	非液化场地
Ⅸ	ZK38	琼库尔恰克乡扎热特村水塔对面	N39°19′46.4″,E77°36′39.0″	非液化场地
Ⅸ	ZK39	琼库尔恰克乡政府院内	N39°16′29.7″,E77°39′19.2″	非液化场地

表 4.5　Ⅷ 度区原位测试液化场地具体资料

烈度	序号	地名	坐标	液化描述
Ⅷ	SY01	英吾斯塘 15 大队 2 小队	N39°14′11.6″,E77°40′41.8″	孔径为 9 cm 和 15 cm。广泛分布多处小喷砂孔。裂缝走向为 140°。长约上百米,单条长约 10 m。喷水冒砂积水成塘,长约上百米,宽约 30 m
Ⅷ	SY04	琼乡一村	N39°13′46.3″,E77°39′18.7″	喷砂坑直径达 3 m,水渠边缘东西向顺岸出现多条裂缝:宽约 5 cm,长 10 m 左右
Ⅷ	SY08	琼库尔恰克乡桥头检查站路旁	N39°18.283′,E77°44.223′	沿河裂缝,公路断错,河滩震裂
Ⅷ	SY11	琼库尔恰克乡 19 大队 4 小队	N39°21′23.6″,E77°40′51.4″	小麦地出现成片喷水冒砂现象,麦田被砂覆盖。喷砂孔径为 10 ~ 15 cm 左右
Ⅷ	SY16	英吾斯塘 14 大队	N39°14′49.9″,E77°40′35.8″	水塘附近裂缝加多、加宽,枝状分布
Ⅷ	SY17	色力布亚镇 13 大队 5 小队	N39°20′10.4″,E77°45′28.2″	水塘周围喷砂孔较多,并有多条裂缝,喷砂口孔径较小,一般为 20 cm 左右
Ⅷ	SY18	大渠新建房屋旁	N39°11′05.5″,E77°43′52.5″	出现喷水冒砂现象
Ⅷ	SY21	色力布亚镇 7 大队	N39°21′20″,E77°47′52″	出现多处喷水冒砂,最大冒砂孔径约 40 cm,冒出水淹没农田 60 亩左右
Ⅷ	SY25	215 省道(色力布亚镇与英吾斯塘乡之间)桥头	N39°14.137′,E77°43.502′	河东岸高约 1 m 的高漫滩上,喷砂孔和裂缝广泛。其中最大一条裂缝长为 15 m,宽为 0.4 m,深为 1 m。裂缝顺河发育,河西岸的水泥护坡产生多排裂缝。在桥墩附近,除发育裂缝外,还有挤压垅脊

表 4.6　Ⅷ 度区原位测试非液化场地具体资料

烈度	序号	地名	坐标	液化描述
Ⅷ	E13	琼库尔恰克乡棉花收购站	N39°16′06.0″,E77°39′38.0″	非液化场地
Ⅷ	E03	英吾斯塘乡 10 大队 1 小队	N39°12′08.7″,E77°37′41.5″	非液化场地
Ⅷ	E06	215 省道 126 km 桩号旁	N39°11′05.9″,E77°40′00.8″	非液化场地
Ⅷ	E09	琼库尔恰克乡 14 大队 5 小队	N39°18′07.0″,E77°43′28.7″	非液化场地
Ⅷ	E10	色力布亚镇 15 大队 3 小队	N39°18′14.7″,E77°45′04.0″	非液化场地
Ⅷ	E11	色力布亚镇 12 大队 1 小队	N39°18′00.4″,E77°46′38.1″	非液化场地
Ⅷ	ZK13	色力布亚镇附近	N39°18′30.3″,E77°50′4.6″	非液化场地
Ⅷ	ZK24	大水渠源头水闸旁	N39°10′19.0″,E77°42′18.4″	非液化场地
Ⅷ	ZK25	英吾斯塘乡南	N39°09′13.8″,E77°37′21.2″	非液化场地

表 4.7　Ⅶ 度区原位测试液化场地具体资料

烈度	序号	地名	坐标	液化描述
Ⅶ	SY05	卧里托格拉克乡 16 大队 2 小队	N39°37′58.2″,E77°15′41.1″	喷水冒砂孔径 20 cm,大者约 50 cm,喷水积成长 40 m、宽 10 m 的低地水塘
Ⅶ	SY19	沙漠中	N39°25′24.1″,E77°50′59.4″	出现多处喷水冒砂现象
Ⅶ	SY24	色力布亚镇棉花地旁	N39°18′17.0″,E77°44′16.7″	玉米地、棉花地喷水冒砂积水数十亩,水下可见多个小喷水孔
Ⅶ	SY26	戈壁滩	N39°30′38.4″,E77°56′28.4″	河岸附近出现多处直径 15 cm 的喷砂孔
Ⅶ	SY27	戈壁滩河滩上	N39°29′18.7″,E77°56′05.5″	挤压鼓包和裂缝沿河岸发育
Ⅶ	SY29	伽师县卧里托格拉克乡戈壁滩上	N39°37′26.8″,E77°15′49.8″	克孜河南岸出现喷水冒砂现象,多方向裂缝

表 4.8　Ⅶ 度区原位测试非液化场地具体资料

烈度	序号	地名	坐标	液化描述
Ⅶ	E07	215 省道旁(封口处)	N39°24′05.3″,E78°00′53.6″	非液化场地
Ⅶ	E08	215 省道 82 km 桩号处	N39°24′27.8″,E78°02′44.5″	非液化场地
Ⅶ	E12	卧里托格拉克乡南侧水渠旁	N39°39′55.1″,E77°16′18.1″	非液化场地

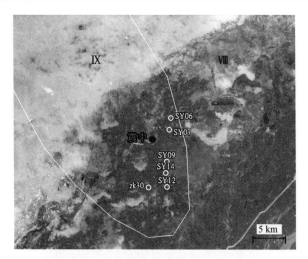

图 4.2　巴楚地震 IX 度区液化勘察点

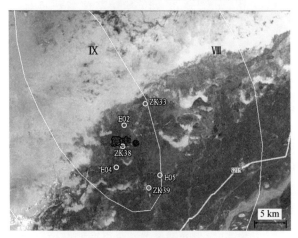

图 4.3　巴楚地震 IX 度区非液化勘察点

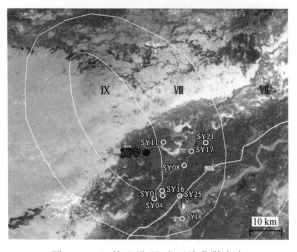

图 4.4　巴楚地震 VIII 度区液化勘察点

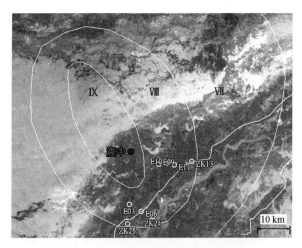

图 4.5　巴楚地震 Ⅷ 度区非液化勘察点

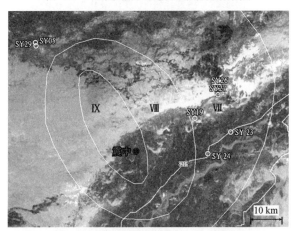

图 4.6　巴楚地震 Ⅶ 度区液化勘察点

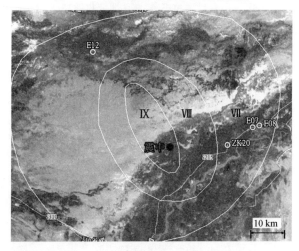

图 4.7　巴楚地震 Ⅶ 度区非液化勘察点

4.3　原位测试液化层判定及场地特征分析

岩土工程测试包括室内试验和原位测试。岩土的室内试验历史悠久,经验成熟,测试时能够很好地控制排水条件和边界条件;小应变的应变场稳定,室内试验所测量的力学指标得到广泛的认可。但是室内试验同样存在着很多不可弥补的缺陷:取样到装样过程土样受扰动大;取样小,无法做与现场应力条件相同的一比一相似试验。为了解决这些问题,原位试验在国内外迅速发展起来。

原位测试(In-situ testing of soil):一般指岩土勘察现场,在岩土没有扰动或扰动很小的情况下(保持岩土体的天然结构、天然含水量和天然应力状态等),测定岩土的各项工程力学性质指标,同时根据相应指标划分土层的一种土工测试技术。

《岩规 2001》中指出:在岩土工程勘察中,原位测试是十分重要的手段,在探测地层分布、测定岩土特性、确定地基承载力等方面,有突出的优点。

经过几十年的发展,原位测试方法和技术水平有了很大的进步,作为一项有效的测试手段,在岩土工程勘察和技术检测领域得到广泛应用。原位测试的主要优点如下:

(1)可在勘察场地进行测试,无须取样。这样就避免了室内测试所得到的岩土力学性质指标不代表原始状态指标的缺陷,大大提高了测试指标在工程中的应用价值。

(2)原位测试注重现场测试,比室内测试时土样多得多,可以宏观地反映土的物理力学性质。

(3)很多原位测试方法可对土体进行连续测试,如静力触探试验(CPT)、剪切波速试验(Vs),可以完整地得到土层的剖面性状。

(4)原位测试速度快,效率高,可重复性好。

但是原位测试手段也有它的局限性:① 难于控制测试中的边界条件,例如周围土体的应力条件和排水条件;② 不同原位测试方法有其适用条件;③ 一些原位测试判别方法建立在统计经验上,人为因素影响较多;④ 原位测试结果受到测试技术和测试设备的影响,对于测试结果的准确性干扰很大。这些都是今后原位测试技术发展中需要改进的地方。

本次巴楚地震勘察为了避免单一原位测试技术对结果的影响,我们同时采用 3 种原位测试技术进行对比试验,见图 4.8。

(1)标准贯入试验(SPT)。委托新疆工程勘察设计院、东华理工大学土木与环境工程学院共同完成,使用我国规范统一的测试设备。

(2)静力触探试验(CPT)。由中国地震局工程力学研究所岩土工程研究室自行完成,使用荷兰 a.p.v.d.berg 公司引进的静力触探探头、探杆、数据采集系统和数据处理系统。

(3)剪切波速测试(Vs)。由中国地震局工程力学研究所岩土工程研究室自行完成,使用日本 OYO 公司引进的 McSEIS－SXW 型 24 通道表面波地震仪、数据采集系统和数据处理系统。

图 4.8　3 种原位测试技术进行对比试验

4.3.1　标准贯入试验(SPT)

标准贯入试验(standard penetration test,SPT)是我国《岩土工程勘察规范》《建筑抗震设计规范》中最常用的一种原位测试技术,是我国非常成熟的一种测试手段,第一个液化判别公式就是以标准贯入试验数据为基础,在我国液化判别发展史上也最为悠久。标准贯入测试使用设备简便、可操作强、适用土性广,测试过程中可直接通过贯入器取得土样,通过土样可对土层深度进行剖面描述。

标准贯入试验是用质量为 63.5 kg 的穿心锤,以 76 cm 的落距,将标准规格的贯入器,自钻孔底部预打入 15 cm 后,记录再打入 30 cm 的锤击数,判定土的力学特性。

标准贯入试验仅适用于砂土、粉土和一般黏性土,不适用于软塑～流塑软土。在国外用实心圆锥头(锥角 60°)替换贯入器下端的管靴,使标准贯入适用于碎石土、残积土和裂隙性硬黏土及软岩,但国内尚无这方面的具体经验。

本次勘察测试,测试设备按照《岩规 2001》规定,具体参数见表 4.9。

表 4.9　现场勘察设备具体参数

落锤	锤的质量 /kg	63.5
	落距 /cm	76
对开管	长度 /mm	＞ 500
	外径 /mm	51
	内径 /mm	35
管靴	长度 /mm	75
	刃口角度 /(°)	18 ～ 20
	刃口单刃厚度 /mm	1.6
钻杆	直径 /mm	42
	相对弯曲	＜ 1/1 000

标准贯入试验的技术要求应符合下列规定。

（1）标准贯入试验孔采用回转钻进方式，并保持孔内水位略高于地下水位。当孔壁不稳定时，可用泥浆护壁，钻至试验标高以上 15 cm 处时，清除孔底残土后再进行试验。本次勘察采用 XY－100 型回旋钻机和汽车钻机、SM 植物胶液、金刚石钻头回转钻进，SPT 测试现场如图 4.9 所示。

图 4.9　SPT 测试现场

（2）采用自动脱钩的自由落锤法进行锤击，并须减小导向杆与锤间的摩阻力，避免锤击时的偏心和侧向晃动，保持贯入器、探杆、导向杆连接后的垂直度，锤击速率应小于30 击 /min。

（3）贯入器打入土中 15 cm 后，开始记录每打入 10 cm 的锤击数，累计打入 30 cm 的锤击数为标准贯入试验锤击数 N。当锤击数已达 50 击，而贯入深度未达 30 cm 时，可记录 50 击的实际贯入深度，按下式换算成相当于 30 cm 的标准贯入试验锤击数 N，并终止试验，图 4.10 所示为 SPT 现场取样。

标准贯入试验成果 N 可直接标在工程地质剖面图上，也可绘制单孔标准贯入锤击数 N 与深度关系的曲线或直方图。统计分层标准贯入击数平均值时，应剔除异常值。

利用标准贯入试验锤击数 N 值，可对砂土、粉土、黏性土的物理状态，土的强度、变形参数、地基承载力、单桩承载力、砂土和粉土的液化、成桩的可能性等做出评价。

4.3.2　静力触探试验（CPT）

静力触探测试（cone penetration test，CPT）发源于荷兰，1945 年第二届国际土力学会议上，荷兰专家发表了文章《深层静力触探》，实际上就是把一定规格的锥形探头借助机械匀速向土体推动，测试土体的侧摩阻力（f_s）和锥尖阻力（q_c）等的一种原位测试方法，国际上称之为"荷兰锥试验"，通常用 CPT 表示。

静力触探测试优势明显，主要表现为：

图 4.10　SPT 现场取样

（1）测试连续性好，工作效率高，探头测量功能多，兼有工程勘察和测试检验的作用。

（2）测试数据精确，重复性好，再现性误差小于 5%。

（3）采用数据采集系统，可以实现测试过程数据记录的自动化，有效减轻人工劳动。

（4）可根据测试结果对土的持力层进行土类划分，同时确定土的一些物理力学参数。

静力触探仪器主要包括以下 3 个部分。

（1）静力触探探头和探杆。静力触探探头和探杆是适合地层各种参数的传感器，如图 4.11 所示。

（a）测试探头

（b）测试探杆

图 4.11　静力触探探头和探杆

　　国内外探头主要有 3 种：单桥探头，我国较为独特的一种探头，将锥头和外套连在一起，只能测量比贯入阻力一个参数；双桥探头，可同时测量锥尖阻力和侧摩阻力；多用（孔压）探头，至少可测试锥尖阻力、侧摩阻力和孔隙水压力 3 个参数。本次勘察使用的就是多用探头，静力触探探头具体参数见表 4.10。

表 4.10　静力触探探头参数

名称	特性	名称	特性
型号	Ⅱ—1 型	锥底面积	10 cm^2
锥角	60°	有效侧壁长度	20 cm
锥底直径	35.7 mm	厚度	5 mm

　　（2）静力触探贯入系统。静力触探贯入系统包括触探液压装置和反力系统，液压装置利用探杆将探头压入土体，反力系统提供探头下压过程中所需要的支反力，见图 4.12。

图 4.12　静力触探贯入系统

　　（3）测量记录系统。测量记录系统可记录探头下压过程中土体反映的各种物理力学参数。

　　本次现场勘察用静力触探车体，采用沈阳探矿机械厂生产的山山牌静力触探车。试验过程液压装置可提供 20 t 的贯入力和 24 t 的起拔力，油泵额定压力为 16 MPa，驱动 4 个支腿支起，同时 4 个锚机（锚机转速 4 r/min）钻入土中，一方面利用车的自身重量与地锚锚固力提供反力，另一方面可使车体达到水平状态以使钻头竖直下钻，见图 4.13。

内部设备采用荷兰 a.p.v.d.berg 公司最先进的静力触探探头及数据采集系统,集成 3C 认证的静力触探车,配置的 10 cm² 、15 cm² 双探头具有以下强大的功能:可以测量摩擦端阻力、摩擦侧阻力、孔隙水压力(含 U1、U2、U3) 等,同时具有测斜、温度测试、电阻率电导率测试、环境测试、抗氧化性测试、pH 分析、地震波探头、地震波数据分析软件等多项功能。数据在现场实时采集并实时显示,现场绘图,第一时间掌握现场情况,此套设备还具备地震波信号的实时采集监控功能等。

图 4.13　静力触探现场测试

砂土液化现场勘察中,最重要的一个工作是确定液化层深度和厚度。我们依据常规方法,在地下水埋深以下,液化场地取测试值小而且稳定的作为液化土层,非液化场地取测试值大而且稳定的作为非液化土层。

由于 CPT 能够得到连续沿深度变化的力学分布曲线,因此在选择液化层和非液化层时以 CPT 的数据为主要依据,参考 SPT 和 Vs 测试结果同时兼顾钻孔柱状图。

本节给出典型勘察场地液化土层和非液化土层划分图 6 个,虚线框表示液化层和非液化层厚度,见图 4.14,图中包括钻孔柱状图、CPT 数据图、SPT 数据图和 Vs 数据图。其中液化土层划分图 3 个,Ⅸ 度区、Ⅷ 度区和 Ⅶ 度区各一个;非液化土层划分图 3 个,Ⅸ 度区、Ⅷ 度区和 Ⅶ 度区各一个。

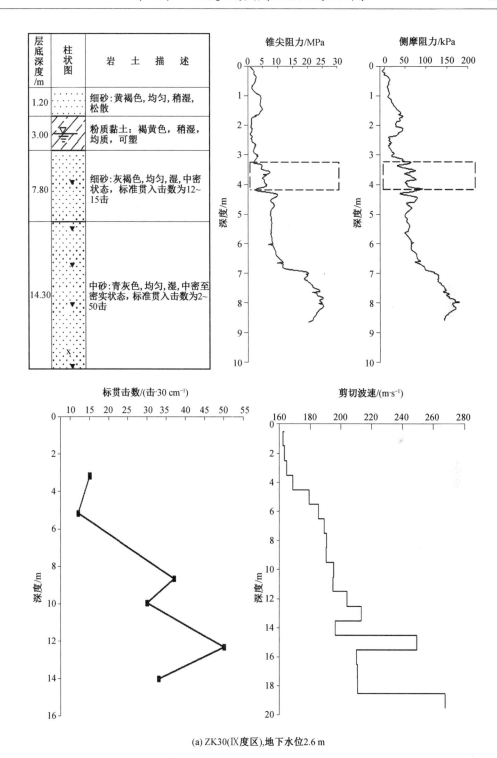

(a) ZK30(IX度区),地下水位2.6 m

图 4.14 液化层和非液化层厚度

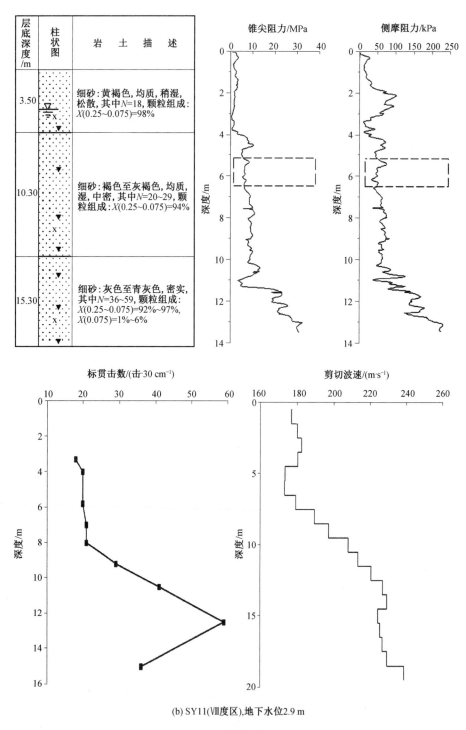

(b) SY11(Ⅷ度区),地下水位2.9 m

续图 4.14

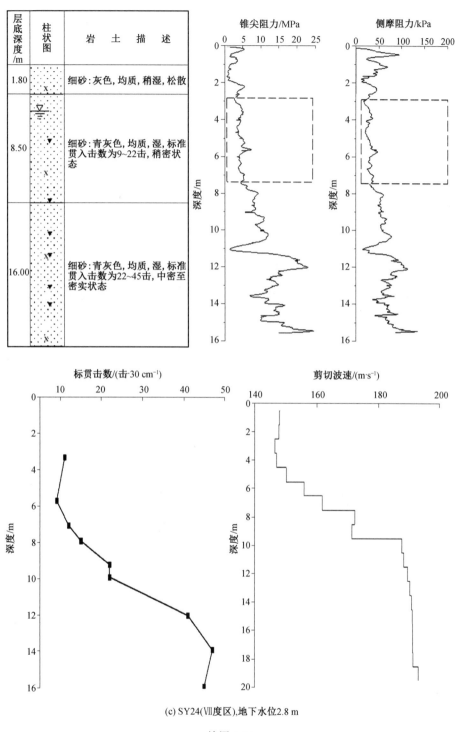

（c）SY24(Ⅶ度区),地下水位2.8 m

续图 4.14

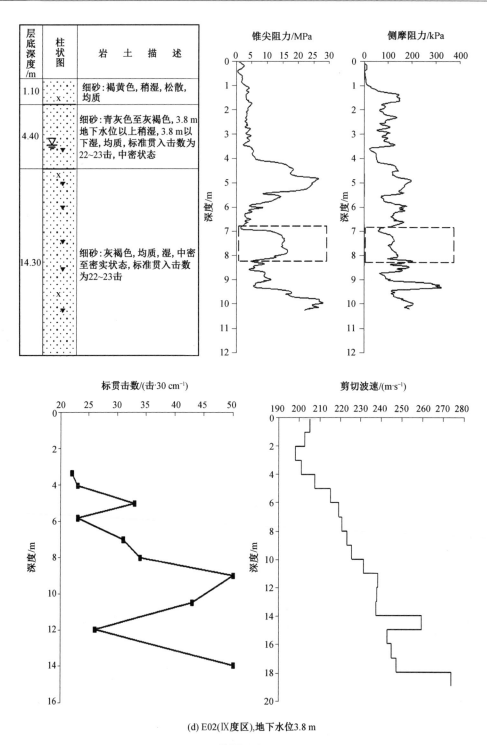

（d）E02（Ⅸ度区），地下水位3.8 m

续图 4.14

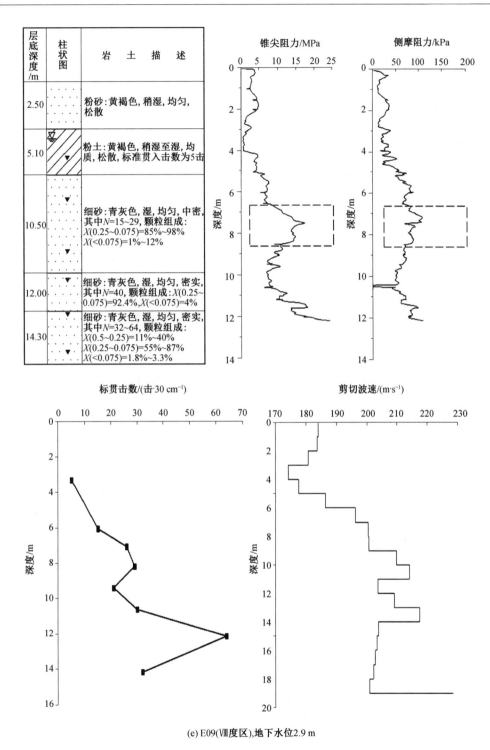

(e) E09(Ⅷ度区),地下水位2.9 m

续图 4.14

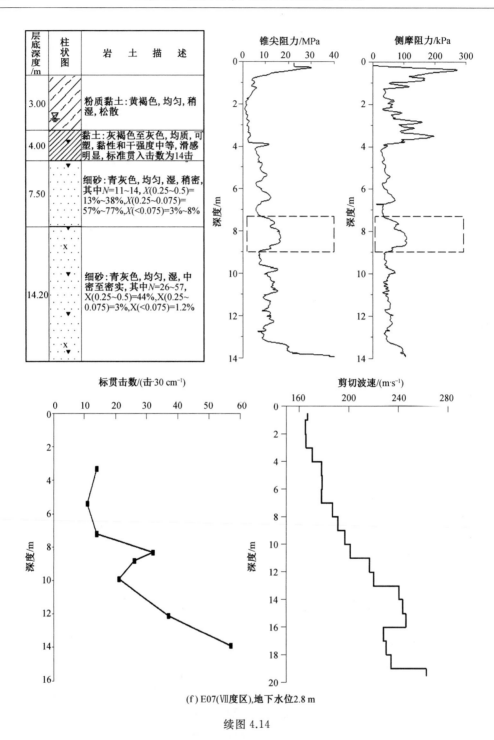

(f) E07(Ⅶ度区),地下水位2.8 m

续图 4.14

4.3.3　国内砂土液化场地影响、特征分析

1.震级与持时的影响

地震荷载强度和地震持续时间是砂土液化现象产生的主要外因。

在砂土地区地质条件一定的情况下,地震震级越高,即地震中地表加速度越高,土体液化现象越容易发生。因为震级和烈度有很大的相关性,也可以说烈度越高的地区砂土液化发生的可能性越大,在历史资料统计中也印证了这一观点。刘颖、谢君斐、王其允等人收集了大量的地震液化资料,给出了震级和最大液化震中距的关系,说明了震动强度越大对砂土液化的影响范围越广。

我国现行规范(《岩规 2001》《建规 2001》)中判别砂土液化临界标准贯入击数值也是随烈度的提高或地表加速度的提高而增加,这也反映了震动强度对砂土液化的影响。

另外,震动时间越长,相当于震动次数越多,发生砂土液化的可能性也就越大。试验室动三轴试验证明,振幅和持时(震动次数)对液化有重要影响,震动次数越多在小应力比下砂土液化可能性越大,也就是说,地震持时很长时,震级小或烈度小的地区砂土液化发生的可能性会增大。

巴楚地震震级 6.3 级比海城地震(震级 7.3 级)、唐山地震(7.8 级)要低,但巴楚地震同样发生了大范围的砂土液化现象,这与巴楚地震持时较长有很大的关系。表 4.11 为巴楚地区地震台站收集的地震参数。

表 4.11　地震台站收集的地震参数

台站名称	震中距/km	记录方向	峰值加速度/(cm·s⁻²)	周期/s	记录时间	持时/s	仪器型号
西克尔	25	UD	38.78	0.10	2003－02－24	93	GDQJ－1a
		EW	53.51	0.17			
		SN	85.39	0.32			
伽师	47	UD	19.81	0.21	2003－02－24	45	GDⅢ－A
		EW	21.36	0.43			
		SN	50.71	0.45			
巴楚	113	UD	35.08	0.11	2003－02－24	96	GDQJ－1a
		EW	62.56	0.19			
		SN	76.03	0.51			

注:"UD"为"上下"的英文缩写;"EW"为"东西"的英文缩写;"SN"为"南北"的英文缩写。

2.历史地震砂土液化特性分析

(1)海城地震。

1975 年海城地震,造成营口市、盘锦市等地区大面积轻亚黏土液化现象。发育在海城市西部的广大液化地区,在构造上属于辽河中、新生代断陷盆地,堆积了巨厚的第四纪松散沉积物,其厚度变化:自北东 — 南西由 300 m 到 420 m。地貌上仍是辽河、双台子河冲积和辽东湾滨海沉积平原的一部分。地势平坦,呈东北高而西南低。海城地震中仅盘锦南部 3 个农场的喷砂覆盖面积就占到该地区农田面积的 3.5%。盘锦南部 3 个农场的喷砂掩埋量见表 4.12。

表 4.12　盘锦南部 3 个农场的喷砂掩埋量

农场名	面　积				水渠淤砂量 / 万 m³
	总耕地面积 / 万亩①	喷砂面积 / 亩	喷砂占总耕地面积	喷砂量 / 万 m³	
平安农场	3.55	1 242	3.5%	12.9	34.5
唐家农场	3.2	1 800	5.6%	24	55.5
榆树农场	13.5	8 810	6.5%	61.78	78.09

①1 亩 ≈ 667 m²

海城地震喷水冒砂特点主要如下。

① 砂土液化主要发生在辽河平原,特别是西南部滨海地带。分布情况是南重北轻,在很大程度上受到地质、地貌、土质、地下水、水域等条件影响。

② 这次地震引起的砂土液化对农田、渠道、桥梁、公路等基础设施破坏较大,对一般工民建筑物影响较小。破坏程度也呈现出南重北轻的特点。

③ 改变了人们对砂土液化只发生在浅层的认识。喷水冒砂的液化现象不仅发生在浅层砂层,在埋深较深的砂层中也可能发生。比如,盘锦辽河化肥厂打入地下的 17 m 长的钢筋空心混凝土桩,桩直径为 4 cm,一端在地下 15 m 处,另一端露出地表面,地震后空心桩成了喷水冒砂管道,喷出砂中伴有深部土层才有的海相贝壳。

海城地震为液化判别规范提供了 12 个点的原始勘察数据,见表 4.13,加深了我们对深层砂土液化的认识,后来的规范修订中加入了 15 ~ 20 m 范围的液化判别公式。

表 4.13　海城地震原始勘察数据

烈度	勘察地点	土类	地下水位 /m	砂层埋深 /m	有效应力 /kPa	标贯击数	应力比	场地状况
Ⅶ	辽河化肥厂	粉细砂	1.5	5.20	66.0	5.5	0.100	液化
Ⅶ	辽河化肥厂	砂	1.5	6.40	76.0	6.0	0.100	液化
Ⅶ	盘锦冷库	淤泥质粉砂	1.5	7.0	84.0	6.0	0.100	液化
Ⅷ	营口造纸厂	粉砂	1.5	10.5	119.0	11.0	0.210	液化
Ⅶ	南河东风排灌站	砂	2.0	3.0	48.0	6.0	0.076	液化

续表4.13

烈度	勘察地点	土类	地下水位 /m	砂层埋深 /m	有效应力 /kPa	标贯击数	应力比	场地状况
Ⅷ	水源公社	砂	2.0	10.0	118.0	9.0	0.196	液化
Ⅷ	营口大闸	砂	2.0	10.3	121.0	9.0	0.197	液化
Ⅶ	双台河拦河闸	粉砂	1.0	8.0	89.0	15.0	0.110	非液化
Ⅶ	双台河二道桥闸	砂	2.0	6.0	78.0	9.5	0.120	非液化
Ⅶ	双台河拦河闸	粉砂	1.0	12.0	129.0	20.0	0.100	非液化
Ⅶ	双台河二道桥闸	砂	1.0	12.0	129.0	15.5	0.100	非液化
Ⅶ	胜利塘	砂	2.0	13.0	148.0	14.5	0.100	非液化

（2）唐山地震。

1976 年唐山地震造成大范围的砂土液化现象，以唐山市为中心影响范围达 2 万 km^2，不管从破坏程度或是影响范围，都是近代地震历史上罕见的。

唐山地震液化具有以下规律。

① 液化的动力来源是地震作用，历史上每次地震造成的液化现象有明显的时间顺序。地震作用次数越多且越老的土层，土层不断震动增密，固结程度越高；同样，地震次数越少且越新的土层，液化则处于发展阶段。

② 不同年代土层的液化规模和强度，随着时间的增长及历史重复次数的增多而减弱。

③ 由于沉积作用是砂土液化形成的物质条件，每次地震形成的液化现象，在空间上随第四纪每一新沉积物的形成和沉积相的迁移而转移，也就是说液化最严重的地方，逐渐向海滨方向迁移。

④ 在液化分布上还受到地质地貌的影响，地下水位越高，砂土分布越广的地区发生液化的可能性相对越大。

⑤ 地震烈度等震线穿过液化受灾不同的区域，说明液化破坏强度分布与地震强度分布不具有一一对应关系。

唐山地震后，1977—1978 年间，第一机械工业部勘察总公司、铁道部科学研究院等单位，对唐山市区和外县进行了液化场地勘察工作，共设计勘察点 92 个，由谢君斐、刘恢先等人整理汇总。这些液化场地勘察的原始数据，为形成我国液化规范提供了宝贵的原始数据。表 4.14 为按烈度分布的勘察点。

表 4.14　按烈度分布的勘察点

烈度	试验点数		
	液化场地	非液化场地	合计
Ⅶ	17	16	33
Ⅷ	19	9	28
Ⅸ	19	12	31

4.4　液化特征对比分析

　　许多震害资料表明,饱和砂层上的有效覆盖压力具有很好的抗液化作用,当饱和砂层埋藏较深时,液化发生的可能性就会降低,曾经有些专家提出的"砂土液化安全岛"也与有效覆盖压力有关。例如:辽宁省营口市水源公社苗家店附近约 10 km² 的区域,由于修筑水库曾经填了一层厚土(水库后来没有储水),该地区在 1975 年海城地震时没有喷水冒砂,而周围水源公社的其他地区却普遍喷水冒砂。这一现象在试验室动三轴试验中也得到了证明,初始有效应力越大,砂土液化所需要的循环应力比或震动循环次数也就越大。

　　地下水位的影响和有效覆盖压力的影响相同,当地下水位达到一定深度时,砂土液化发生的可能性将会很低。我国规范砂土液化判别式形成的数据调查中,发现地下水大体上处在 2 m 左右,砂土埋深大体上在 3 m 左右。研究人员在整理历次地震液化数据时也发现,当地下水位、地下土层超过一定深度时液化现象极为罕见,可以将这个深度认为砂土液化时地下水位和地下土层的临界深度。通过现场勘察、资料整理将巴楚地震 48 个勘察点的液化场地特征深度列于表 4.15、表 4.16。

表 4.15　液化场地特征深度

序号	钻孔	地　　　名	烈度	d_s/m	d_w/m
1	SY06	克孜努尔中学前	Ⅸ	4	2.9
2	SY07	琼库尔恰克乡 18 大队	Ⅸ	3.5	2.8
3	SY09	沙漠中	Ⅸ	2.7	1.8
4	SY12	琼库尔恰克乡 5 大队小学前	Ⅸ	5.4	2.8
5	SY14	色力布亚镇 6 大队 3 小队	Ⅸ	4.5	1.9
6	ZK30	琼库尔恰克乡 5 大队 6 小队	Ⅸ	3.7	2.6
7	SY01	英吾斯塘 15 大队 2 小队	Ⅷ	3.9	2.9
8	SY04	琼乡一村	Ⅷ	4	0.6
9	SY08	琼库尔恰克乡检查站路旁	Ⅷ	2.4	0.95
10	SY11	琼库尔恰克乡 19 大队 4 小队	Ⅷ	5.7	2.9
11	SY16	英吾斯塘 14 大队	Ⅷ	4.5	2.9
12	SY17	色力布亚镇 13 大队 5 小队	Ⅷ	2.5	0.4
13	SY18	大渠旁(新建房屋旁)	Ⅷ	6.2	3.4
14	SY21	色力布亚镇 7 大队	Ⅷ	4.1	2.9
15	SY25	色力布亚镇与英吾斯塘之间 215 省道桥头	Ⅷ	4.4	2.7
16	SY05	卧里托格拉克乡 16 大队 2 小队	Ⅶ	11.2	3.7
17	SY19	沙漠中	Ⅶ	2.6	2.1
18	SY23	215 省道旁(去色力布亚路上)	Ⅶ	5.5	2.3
19	SY24	色力布亚镇棉花地旁	Ⅶ	5.1	2.8

续表4.15

序号	钻孔	地　　名	烈度	d_s/m	d_w/m
20	SY26	戈壁滩	Ⅶ	2	1.5
21	SY27	戈壁滩河滩上	Ⅶ	5.3	1
22	SY29	伽师县卧里托格拉克乡戈壁滩上	Ⅶ	2.4	1.5

表 4.16　非液化场地特征深度

编号	钻孔	地　　名	烈度	d_s/m	d_w/m
1	E02	琼库尔恰克乡 26 大队	Ⅸ	7.5	3.8
2	E04	琼库尔恰克乡 27 大队 2 小队哈里小学前	Ⅸ	3.8	3.1
3	E05	琼库尔恰克乡 9 大队 1 小队	Ⅸ	6.5	2.4
4	ZK33	琼库尔恰克乡附近	Ⅸ	10.9	2.4
5	ZK38	琼库尔恰克乡扎热特村水塔对面	Ⅸ	6.1	2.5
6	ZK39	琼库尔恰克乡乡政府院内	Ⅸ	4.5	2.65
7	E03	英吾斯塘乡 10 大队 1 小队	Ⅷ	6.6	2.3
8	E06	215 省道 126 km 桩号旁	Ⅷ	13.3	3.8
9	E09	琼库尔恰克乡 14 大队 5 小队	Ⅷ	7.7	2.9
10	E10	色力布亚镇 15 大队 3 小队	Ⅷ	9.1	2.2
11	E11	色力布亚镇 12 大队 1 小队	Ⅷ	6.8	1.2
12	ZK13	色力布亚镇附近	Ⅷ	7.2	3.5
13	ZK24	大水渠源头的水闸旁	Ⅷ	5.5	2.9
14	ZK25	英吾斯塘乡南	Ⅷ	6.7	1.7
15	ZK36	协开尔买里村	Ⅷ	17.2	3.6
16	E07	215 省道旁（封口处）	Ⅶ	8.1	2.8
17	E08	215 省道 82 km 桩号处	Ⅶ	4.8	4.2
18	E12	卧里托格拉克乡南侧水渠旁	Ⅶ	5.2	2.6
19	E13	琼库尔恰克乡棉花收购站	Ⅶ	6.8	2.7
20	ZK20	阿拉格尔乡政府	Ⅶ	12	3.5
21	ZK14	色力布亚镇北	Ⅷ	9.6	3.0
22	ZK15	色力布亚镇西	Ⅷ	9.5	2.3
23	ZK16	色力布亚镇南	Ⅷ	12.5	1.6
24	ZK17	色力布亚镇糖烟酒公司	Ⅷ	12.5	2.7
25	ZK26	色力布亚镇拜什塔木村	Ⅷ	13	3.5
26	ZK41	霍加木托克拉克村	Ⅷ	11.5	2.5

4.4.1　液化土层深度

根据表 4.15 和表 4.16 的勘察结果,将巴楚地震液化土层埋深百分含量分布绘制成图 4.15。

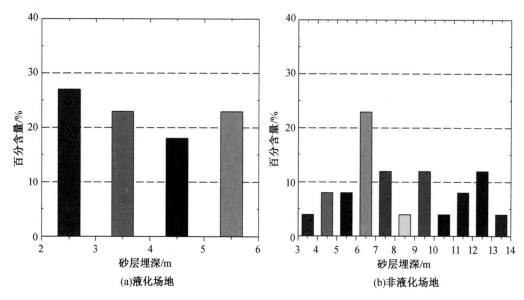

图 4.15　　巴楚地震液化土层埋深百分含量分布

收集和整理了通海地震 21 个点的勘察数据和唐山地震 102 个点的勘察数据后,分析得到通海地震和唐山地震液化土层埋深百分含量分布图,见图 4.16 和图 4.17。

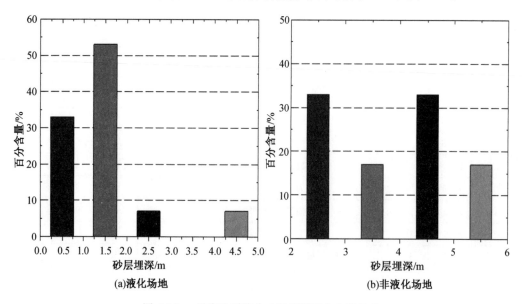

图 4.16　　通海地震液化土层埋深百分含量分布

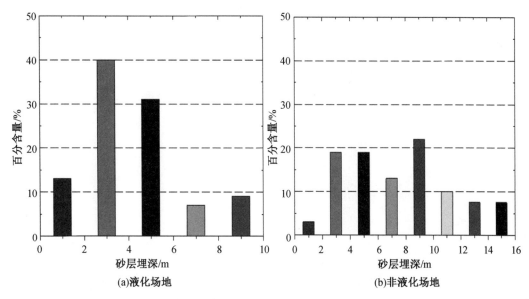

图 4.17　唐山地震液化土层埋深百分含量分布

　　通海地震和唐山地震的砂土液化现场勘察数据,对我国规范砂土液化判别公式形成有非常重要的贡献,约占形成规范全部数据的 80%。

　　通过对比分析得到了下面的一些结论:3 次地震的非液化场地砂层分布都比较分散。液化场地中,巴楚地震砂层埋深主要分布在 2～6 m,按深度分布比较平均;通海地震砂层埋深主要分布在地表以下 2 m 的范围内,砂层埋深很浅;唐山地震砂层埋深主要分布在 3～5 m。从现行规范砂土液化判别公式中可以看出砂土液化土层主要在 3 m 左右,巴楚地震液化场地砂层埋深较规范要深一些。

4.4.2　水位

　　根据表 4.15 和表 4.16 的勘察结果,将巴楚地震、通海地震和唐山地震勘察场地地下水位百分含量分布绘制成图 4.18～4.20。

　　对比地下水位埋深发现:液化场地中,巴楚地震主要集中在 2～3 m;通海地震主要集中在地表 2 m 范围内;唐山地震主要集中在地表到 2 m 之间,可以看出巴楚地震水位埋深比规范略深。非液化场地中,巴楚地震主要集中在 2～3 m;通海地震集中在 1～2 m;唐山地震地下水位分布较分散,地表到 6 m 都有分布。

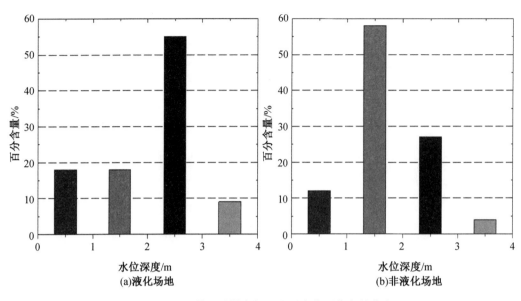

图 4.18　巴楚地震勘察场地地下水位百分含量分布

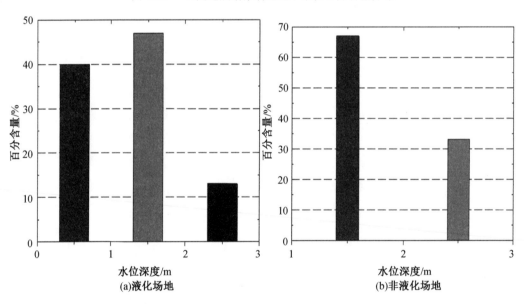

图 4.19　通海地震勘察场地地下水位百分含量分布

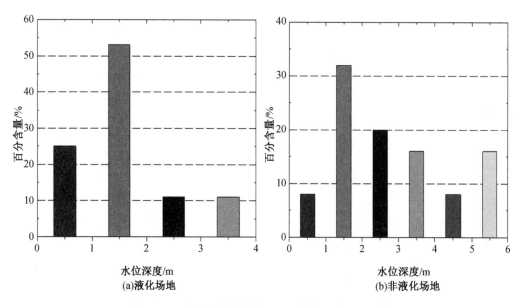

图 4.20　唐山地震勘察场地地地下水位百分含量分布

4.4.3　液化土颗粒级配对比

一般认为,随着地震烈度的增高,可液化土的粒径范围也将变宽。试验室也发现,土体颗粒级配中的平均粒径($d50$)、不均匀系数(C_u)和曲率系数(C_c)对土体的液化特性有很大的影响。

试验室证明,平均粒径 $d50$ 对抗液化强度有明显影响。国内外学者在进行动三轴试验中,给出了在一定循环次数下初始砂土液化标准曲线,分析发现最容易发生液化现象的平均粒径 $d50$ 在 0.07～0.08 mm 范围附近。$d50$ 越大,抗液化强度越大;若颗粒更细并含有一定量的黏粒时,则随着 $d50$ 的减小,抗液化强度反而增强。

不均匀系数 C_u 反映不同粒径土粒的分布情况,也就是土粒大小的均匀程度。C_u 越小,土粒越均匀,级配越不良,也就是说较粗颗粒间孔隙被细颗粒填充程度越不好,孔隙水压力上升的过程中越容易形成细颗粒流动通道。室内试验过程中发现,C_c 对液化可能性影响与初始应力状态无关,大体上 C_c 增大液化势减小,C_c 在 0.53～1.5 范围变化比 1.5～4 范围变化液化势影响敏感。工程上把 $C_u < 5$ 同时 $C_c < 1$ 的土样认为是级配不良土样,这种土稳定性差且强度低,同时透水性和压缩性较大,地震中容易发生砂土液化现象。

2009 年对巴楚地震现场勘察中,现场取样 192 个。室内物性试验由中国地震局工程力学研究所岩土工程研究室和东华理工大学土木与环境工程学院共同完成,在这些筛分试验中挑出 15 个有代表性的液化土层筛分数据,将它们的级配曲线具体数据列于表4.17。

表 4.17 级配曲线具体数据

序号	孔号	土样深度	$d10$/mm	$d30$/mm	$d50$/mm	$d60$/mm	C_u/mm	C_c/mm
1	SY06	4.3	0.087	0.12	0.17	0.19	2.18	0.87
2	SY09	5.9	0.07	0.1	0.13	0.16	2.29	0.89
3	SY11	3.3	0.084	0.11	0.14	0.16	1.90	0.90
4	SY17	3.1	0.087	0.13	0.18	0.2	2.30	0.97
5	SY17	4.1	0.09	0.13	0.17	0.2	2.22	0.94
6	SY18	6.2	0.08	0.13	0.19	0.23	2.88	0.92
7	SY18	6.6	0.08	0.12	0.17	0.2	2.50	0.90
8	SY23	4.4	0.09	0.13	0.18	0.21	2.33	0.89
9	SY23	3.7	0.09	0.13	0.17	0.19	2.11	0.99
10	SY24	3	0.078	0.12	0.18	0.2	2.56	0.92
11	SY26	2.9	0.083	0.13	0.18	0.21	2.53	0.97
12	SY26	3.9	0.07	0.1	0.15	0.18	2.57	0.79
13	SY27	1.7	0.083	0.12	0.16	0.19	2.29	0.91
14	SY27	2.2	0.077	0.1	0.13	0.15	1.95	0.87
15	SY27	2.7	0.074	0.12	0.16	0.18	2.43	1.08

注：$d10$ 即级配曲线中小于该粒径的试样质量占总质量 10% 的粒径，代表土的有效粒径；$d30$ 即级配曲线中小于该粒径的试样质量占总质量 30% 的粒径；$d60$ 即级配曲线中小于该粒径的试样质量占总质量 60% 的粒径，代表限制粒径

2007 年中国地震局工程力学研究所岩土工程研究室联合东南大学、美国加州理工大学对唐山地震液化场地进行再勘察。将 1977—1978 年唐山地震后现场勘察的资料和 2007 年唐山地震液化现场勘察的数据资料进行对比（表 4.18，其中 d_w 为地下水位埋深，d_s 为饱和液化土层埋深），分析发现，相同的地点地下水位变化明显，而砂层埋深则没有太大变化，也就是说相隔 30 年的现场勘察点砂土层的颗粒级配能代表震时现场状态，将 2007 年唐山地震现场勘察中典型液化土层颗粒级配列于表 4.19。

表 4.18 唐山地震不同时期勘察数据资料对比

编号	d_w/m	d_s/m
T1(新)	3	5.4 ～ 6.4
T1(原)	3.7	4.1 ～ 5.8
T2(新)	2.8	2.5 ～ 4.4
T2(原)	1.25	2.5 ～ 4.4
T7(新)	3	4.6 ～ 8.6
T7(原)	3	5.5 ～ 7.8
T8(新)	4	5.2 ～ 10

续表4.18

编号	d_w/m	d_s/m
T8(原)	2.2	5.2 ~ 10
T10(新)	3	5 ~ 6.7
T10(原)	1.45	6.5 ~ 9.8
T11(新)	2.6	2.7 ~ 4.7
T11(原)	0.85	2.7 ~ 7
T12(新)	2.5	2.2 ~ 4.6
T12(原)	1.55	2.2 ~ 4.6
T13(新)	4.8	3.0 ~ 6.0
T13(原)	1.05	3.8 ~ 5.8
T15(新)	2.9	1.2 ~ 4.6
T15(原)	1	1.1 ~ 5.8
T16(新)	0.3	2.0 ~ 3.7
T16(原)	3.5	2 ~ 4.2
L1(新)	0.5	6 ~ 6.8
L1(原)	0.4	5.9 ~ 6.9
L2(新)	1.1	6.2 ~ 6.6
L2(原)	0.21	5.7 ~ 6.3

表 4.19　唐山地震现场勘察中典型液化土层颗粒级配

序号	钻孔号	土样深度 /m	$d10$ /mm	$d30$ /mm	$d50$ /mm	$d60$ /mm	C_u	C_c
1	T6	2.6	0.08	0.15	0.28	0.36	4.5	0.85
2	T9	2.5	0.11	0.26	0.4	0.48	4.3	0.29
3	T13	2	0.09	0.14	0.2	0.24	2.43	0.83
4	T14	2	0.13	0.22	0.3	0.35	2.72	2.72
5	T15	1	0.09	0.15	0.22	0.27	1.10	0.88

　　本书选取了唐山地震中 5 个土样,巴楚地震中 15 个土样,分别做了级配对比试验,见图4.21。图中可以看出两次地震液化土层土样的不均匀系数有明显差别,巴楚地震液化砂土层相对于唐山地震液化砂土层级配曲线更均匀,更加不良;而曲率系数体现出,巴楚地区缺失的土粒组更加严重,大颗粒中的小颗粒在地震中更容易形成喷砂通道;巴楚地区液化土层土样的平均粒径更加靠近 0.07 mm,这些都从某个方面说明,虽然巴楚地震震级相对较小,液化土层标准贯入击数相对较大,但也能发生大规模液化现象。

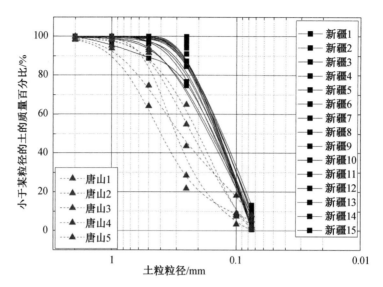

图 4.21　巴楚地震液化土层与唐山地震液化土层级配对比

4.4.4　密实度

土的密实度越高越不易液化,砂土液化后土体相对密度将有所增加,这在许多地震现场、试验室得到过证实。地震作用是形成液化的动力条件,每一次地震形成的砂土液化,在时间上有明显的次序。地质年代越老,经历的地震次数越多,液化层则不断震动密实,固结。相反,地层越新,结构越松散,经历地震次数越少,液化则将处于持续发生状态,这也是为什么唐山地震砂土液化最新、最剧烈的地区向东南沿海迁移的原因。

本节通过整理 47 个勘察场地的标准贯入数据,对比分析了巴楚地震液化场地与规范液化判别方法(液化数据主要来源于通海地震和唐山地震)密实度的差别。

1.巴楚地震液化场地密实度

规范液化判别方法的形成来源于历史上几次地震的液化数据。经过统计这几次液化数据平均地下水位大约是 2 m、平均液化层埋深大约是 3 m,在现行规范液化判别方法中也得到了体现。

由于巴楚地震现场勘察的地下水位和液化土层深度相对分散,无法直观比较,建立合适的修正方法十分必要。根据规范的模式,需要将巴楚地区现场勘察数据修正也修正到水位 2 m、平均液化层埋深 3 m 的情况,即

$$N_1 = N_m \cdot C_N \tag{4.1}$$

式中,N_1 为修正后的标准贯入基数;N_m 为实测标准贯入基数;C_N 为与上覆压力相关的 N_m 修正系数。

C_N 参考 Liao 和 Whitman 曾经提出

$$C_N = (P_a / \sigma'_{vo})^{0.5} \tag{4.2}$$

式中,P_a 表示一个大气压;σ'_{vo} 表示有效上覆压力,也就是说将有效应力修正到接近 1 个

大气压下(100 kPa)。

为修正到地下水位 2 m 和液化土层埋深 3 m,在统计过程中土的干密度 ρ_d 接近于 1.9 g/cm³,参考这一天然干密度,水的密度取 1 g/cm³,也就是说本章的修正系数为

$$C'_N = \left(\frac{47}{9d_s + 10d_w}\right)^{0.5} \tag{4.3}$$

式中,d_s 为地下砂层埋深(m);d_w 为地下水位埋深(m)。

现行国标《建筑地基基础设计规范》(GB 50007—2002)和《公路桥涵地基及基础设计规范》(JTG D63—2007)都是以标准贯入击数反映土层相对密实度的,因此本节给出巴楚地震勘察场地标准贯入数据用以反映场地密实度情况。表 4.20 给出了液化场地液化土层原位测试数据(21 个液化勘察点的液化土层实测标准贯入击数和修正标准贯入击数),表 4.21 给出了非液化场地非液化土层原位测试数据(26 个非液化勘察点的非液化土层实测标准贯入击数和修正标准贯入击数),表 4.21 后面 7 个原位测试数据由新疆地震局提供。

表 4.20　液化场地液化土层原位测试数据

序号	钻孔	烈度	d_s/m	N_m/击	N_1/击
1	SY06	IX	3 ~ 5	16	13.6
2	SY07	IX	3 ~ 4	13	11.6
3	SY09	IX	1.8 ~ 3.6	10	10.5
4	SY12	IX	4.5 ~ 6.3	22	17.2
5	SY14	IX	4 ~ 5	18	16.0
6	ZK30	IX	3.3 ~ 4.1	14	12.5
7	SY01	VIII	2.9 ~ 4.9	10	8.6
8	SY08	VIII	1.6 ~ 3.2	8	9.8
9	SY11	VIII	5.1 ~ 6.3	20	15.3
10	SY16	VIII	2.9 ~ 6	19	15.7
11	SY17	VIII	0.5 ~ 4.5	12	16.0
12	SY18	VIII	5.5 ~ 6.8	18	13.1
13	SY21	VIII	2.9 ~ 5.3	7	5.9
14	SY25	VIII	2.7 ~ 6	7	5.9
15	SY05	VII	10.4 ~ 12	21	12.3
16	SY19	VII	2.1 ~ 3	11	11.4
17	SY23	VII	5.2 ~ 5.8	15	12.1
18	SY24	VII	2.8 ~ 7.4	11	8.8
19	SY26	VII	1.5 ~ 2.5	6	7.2
20	SY27	VII	4.5 ~ 6	16	14.5
21	SY29	VII	1.9 ~ 2.8	10	11.4

表 4.21　非液化场地非液化土层原位测试数据

序号	钻孔	烈度	d_s/m	N_m/击	N_1/击
1	E02	IX	6.8 ～ 8.2	33	22.0
2	E04	IX	3.3 ～ 4.2	26	22.2
3	E05	IX	5.4 ～ 7.6	20	15.0
4	ZK33	IX	10.4 ～ 11.4	37	23.0
5	ZK38	IX	4.2 ～ 7.9	23	17.7
6	ZK39	IX	3.5 ～ 5.5	22	18.4
7	E03	VIII	5.2 ～ 8	16	12.1
8	E06	VIII	12 ～ 14.5	41	22.4
9	E09	VIII	6.8 ～ 8.5	28	19.4
10	E10	VIII	7.8 ～ 10.4	31	20.8
11	E11	VIII	5.7 ～ 7.9	42	33.7
12	ZK13	VIII	6.5 ～ 7.9	20	13.7
13	ZK24	VIII	4.5 ～ 6.5	20	15.5
14	ZK25	VIII	5.9 ～ 7.5	23	17.9
15	ZK36	VIII	15.5 ～ 18.8	28	13.9
16	E07	VII	7.3 ～ 8.9	30	20.5
17	E08	VII	4.2 ～ 5.3	15	11.2
18	E12	VII	4.1 ～ 6.2	32	25.8
19	E13	VII	5.3 ～ 8.3	35	25.5
20	ZK14	VII	7.2 ～ 12	45	28.6
21	ZK15	VII	8.2 ～ 10.7	31	20.4
22	ZK16	VII	11 ～ 14	33	20.0
23	ZK17	VII	10 ～ 15	33	19.2
24	ZK20	VII	10 ～ 14	50	28.7
25	ZK26	VII	11 ～ 15	18	10.0
26	ZK41	VII	8 ～ 15	23	13.9

2.液化土密实度对比

　　此次巴楚地震中液化场地同唐山地震和海城地震的液化场地一样均处于近震区域，且巴楚地震震级比唐山和海城地震小，理论上使用规范对巴楚地震液化场地的判别结果应更偏于安全，但事实与之恰恰相反，值得深入研究。

　　对我国规范形成有较大贡献的地震数据依次是唐山地震、通海地震和海城地震，将巴楚地震液化场地基本情况与之实测标准贯入均值对比的结果示于图 4.22。

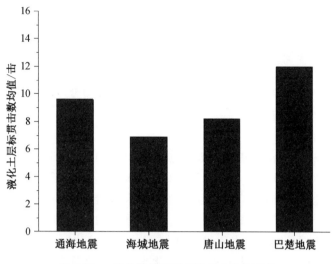

图 4.22　液化场地实测标准贯入均值对比

图 4.22 表明,巴楚地震液化土层标准贯入击数均值为 12 击左右,较规范基本数据明显偏大,说明巴楚地区液化土层偏硬,但从其实际表现看,抗液化能力又较低。

可以发现,巴楚地区的液化土虽为砂土,但埋藏条件与规范基本数据有很大差别,虽然规范中就地下水位和液化土层深度通过理论方法进行了修正,但是否适用所有工况还有待研究。特别是,巴楚地区液化土层标准贯入击数明显偏大,但实际抗液化能力较低,意味着其土性与规范基本数据地区可能存在较大差异。

我国工程地质条件复杂,土性多变且具有区域特征,因此,现有规范对我国各地区的普遍适用性就成为一个很大的问题,未来应寻找更多的机会检验我国规范液化判别方法,同时建立适合局部地区的液化判别新方法应是发展趋势。

4.5　本章小结

本章使用 3 种原位测试手段,对巴楚地震液化场地进行了详细勘察,并通过多种指标对比,判定了液化层和非液化层部位,通过总结现场勘察结果、液化土样的筛分试验并与国内以往主要地震液化情况对比,分析了影响巴楚地震液化的外因和内因,包括地震强度、持时以及液化土级配、密实度、埋藏条件等,提出了巴楚地震液化特征,得到主要结果如下。

(1) 本章对巴楚液化现场勘察采用原位测试技术,具备成熟性、规范性和先进性,为提供准确、可靠的实测数据奠定了基础。对于我国来说,是首次同时使用包括标准贯入测试(SPT)、静力触探测试(CPT)和剪切波速测试(Vs)3 种原位测试技术对同一液化场地进行测试,据我们所知,在国际上 3 种原位测试联合使用勘察地震液化场地也是没有的。现场勘察联合使用标准贯入测试、静力触探测试和剪切波速测试 3 种原位测试手段,不仅填补了我国液化数据库此方面的空白,也可以通过互相参照的方式更准确地判定液化和非液化层的位置,增加了判定结果的可靠性。

（2）本次现场勘察丰富了我国液化数据库，获取的47个场地实测资料，使我国液化场地SPT数据的总量增长了40%。本次现场勘察补充了我国液化数据库的不足，获取的40个场地具有国际标准的CPT实测资料，使我国第一次拥有了液化场地国际标准的CPT数据。

（3）分析表明巴楚地震持时较长，有利于液化的发生和发展。海城地震、唐山地震的砂土液化勘察数据在规范液化判别公式形成过程中起到了非常重要的作用，代表着我国规范方法的基本来源。

（4）巴楚地震液化场地与国内形成规范的砂土液化场地埋藏条件相比，巴楚地震液化砂层较深、地下水位埋深略深。巴楚地震和唐山地震液化土层的颗粒级配对比结果表明，巴楚地区液化土层平均粒径更接近最易发生液化粒径（0.07 mm），而且不均匀系数和曲率系数更加有利于砂土液化现象的发生。与我国以往主要地震液化土层对比结果表明，巴楚地区液化土层标准贯入击数明显偏大，但实际抗液化能力较低。

（5）综合以上分析结果表明，巴楚地震液化土层和土性具有自身的特点，初步断定建立适合新疆局部地区液化判别新公式是必要的。

第 5 章　　液化判别方法检验及理论解答

5.1　引　言

本章详细介绍了国内外 SPT 和 CPT 液化判别方法。为更好地了解《建规 2010》中的液化判别公式,将公式的形成过程进行全面分析。根据 Robertson 和 Olsen 的 CPT 液化判别方法,推导出了便于中国工程使用的随深度变化的实测锥尖阻力临界曲线公式。对 47 个 SPT 勘察点和 39 个 CPT 勘察点进行液化判别,同时对判别结果进行分析。对新疆巴楚地震实测数据初步分析发现,我国规范(《岩规 2001》)中 CPT 液化判别公式随深度变化形式异常,将这一问题提升到理论,可进一步归结为土层深度对液化势影响基本形式的研究。然而,土层深度与液化势关系以往没有理论解答,至今未见相关成果发表,分析认为这是导致我国规范中 CPT 液化判别公式出现问题的根本原因。

研究中首先通过实例,将新疆液化判别临界曲线与我国规范液化判别临界曲线进行全面对比,并分析目前国际上不同原位测试方法的液化临界曲线形式,以确认我国规范 CPT 液化临界曲线的问题。然后,采用理论分析方法,定性证明饱和砂土层埋深变化对液化势的影响,并推导出饱和砂土层埋深与液化势关系的理论解答,提出定量分析结果,同时将研究进一步扩展到地下水位深度变化对液化势影响解答,而后者以往也没有相关的理论研究成果。

为便于连贯分析考虑,部分公式与前文有重复出现的情况。

5.2　现有原位测试判别方法检验

SPT 方法在国内外液化场地判别应用非常多,尤其在我国工程上的应用非常成熟,在液化判别发展历史中最为悠久,第一个判别液化的公式就是以 SPT 为标准的。

5.2.1　SPT 判别方法

1.SPT 判别方法

从我国第一个以 SPT 为基础数据的规范《工业与民用建筑抗震设计规范》(TJ 11—74)到现在,SPT 液化判别方法经过了几十年的发展,我国规范的数据主要来源于河源地震、邢台地震、渤海地震、通海地震、唐山地震和海城地震(表 5.1)。

表 5.1 现有规范所采用的地震资料

名称	时间	震级	震中烈度	SPT 个数
河源地震	1962 年	6.1	Ⅷ	1
邢台地震	1966 年	6.7	Ⅸ	6
邢台地震	1966 年	7.2	Ⅹ	8
渤海地震	1969 年	7.4	Ⅶ	7
通海地震	1970 年	7.8	Ⅹ	22
唐山地震	1976 年	7.8	Ⅺ	92
海城地震	1975 年	7.3	Ⅸ	12

现在比较常用的液化判别公式见于《岩规 2001》和《建规 2001》，首先进行初判，初判分别从地质年代、黏粒含量、土层厚度和地下水特征深度考虑，当初判认为需要进一步考虑液化问题时，使用复判公式，即

$$N_{cr} = N_0 [0.9 + 0.1(d_s - d_w)] \sqrt{3/\rho_c}, \quad d_s \leqslant 15 \text{ m} \tag{5.1}$$

$$N_{cr} = N_0 (2.4 - 0.1 d_s) \sqrt{3/\rho_c}, \quad 15 \text{ m} < d_s \leqslant 20 \text{ m} \tag{5.2}$$

式中，N_{cr} 为临界标准贯入击数；N_0 为不同烈度下对应的标准贯入击数（表 5.2）；d_s 为饱和土标准贯入点深度（m）；d_w 为地下水位深度（m）；ρ_c 为黏粒含量百分率，当小于 3 或为砂土时，采用 3。

表 5.2 标准贯入击数基准值分类

地震分组	Ⅶ 度区(0.1g)	Ⅷ 度区(0.2g)	Ⅸ 度区(0.4g)
第一组	6(8)	10(13)	16
第二、三组	8(10)	12(15)	18

注：括号内表示地震加速度取 0.15g 和 0.3g 的地区。

在 2010 年最新颁布《建筑抗震设计规范》(GB 50011—2010) 的液化判别公式（适用于地面下 20 m 范围）给予了一定的形式修正，但是也没有本质的变化，公式为

$$N_{cr} = N_0 \beta [\ln(0.6 d_s + 1.5) - 0.1 d_w] \sqrt{3/\rho_c} \tag{5.3}$$

式中，N_0 为新给出液化判别标准贯入击数基准值（表 5.3）；β 为调整系数，当地震分组为第一组时取 0.80，第二组取 0.95，第三组取 1.05。

表 5.3 液化判别标准贯入击数基准值

设计基本地震加速度 /g	0.10	0.15	0.20	0.30	0.40
液化判别标准贯入击数基准值	7	10	12	16	19

新规范和《建规 2001》液化判别公式主要的不同有如下两点。

(1) 临界曲线由原来的直线（其中 15 m 处分段）变成连续曲线形式，改变了原来深度影响项，改为 $\ln(k_1 d_s + k_2)$，这里 k_1, k_2 为待定系数，而地下水位影响系数人为采用 $0.1 d_w$。

(2) 加入了一个地震调整系数 β，原来的 N_0 变为 $N_0 \beta$。

将这两项合并起来，同时参考以往的黏粒含量形式就变为

$$N_{cr} = N_0 \beta \left[\ln(k_1 d_s + k_2) - 0.1 d_w \right] \sqrt{3/\rho_c} \tag{5.4}$$

首先来看这两个系数是如何得到的。

（1）根据以往液化场地勘察中发现地下水位一般在 2 m 和液化层埋深一般在 3 m 这一条件，有

$$N_{cr} = N_0 \beta \left[\ln(3k_1 + k_2) - 0.1 \times 2 \right] \sqrt{3/\rho_c} = N_0 \beta \sqrt{3/\rho_c} \tag{5.5}$$

（2）《建规 2001》中 $d_s = 15$ m 处的 N_{cr} 作为新规范 $d_s = 16$ m 处的值，也就是说

$$N_{cr} = N_0 \beta \left[\ln(16k_1 + k_2) - 0.1 d_w \right] \sqrt{3/\rho_c} = N_0 \beta (2.4 - 0.1 d_w) \sqrt{3/\rho_c} \tag{5.6}$$

将式（5.5）和式（5.6）中的两个条件代入式（5.4）中得到

$$\ln(3k_1 + k_2) = 1.2 \tag{5.7}$$

$$\ln(16k_1 + k_2) = 2.4 \tag{5.8}$$

解式（5.7）和式（5.8）得到 $k_1 = 0.6, k_2 = 1.5$。

再来看调整系数 β，将新规范加入调整影响系数 $N_0 \beta$ 后与《建规 2001》中的标准贯入基准值进行对比，具体见表 5.4。

表 5.4　规范基准值加入调整系数后的对比

设计地震分组	《建规 2001》N_0					《建规 2010》$N_0 \beta$				
	0.1g	0.15g	0.20g	0.30g	0.40g	0.10g	0.15g	0.20g	0.30g	0.40g
第一组	6	8	10	13	16	5.6	8	9.6	12.8	15.2
第二组	8	10	12	15	18	6.65	9.5	11.4	15.2	18.05
第三组						7.35	10.5	12.6	16.8	19.95

从表 5.4 中可以看出，新规范加入调整系数后具体数值变化不大，对标准贯入基准值基本没有影响，前面将《建规 2001》公式的 N_0 直接变为《建规 2010》公式中的 $N_0 \beta$ 也是没有问题的。

综上所述，《建规 2010》与《建规 2001》的液化判别方法没有本质差别，本章 SPT 液化判别方法参考《建规 2001》。

2.SPT 判别方法

国外方法主要参考 1971 年发展来的 Seed 和 Idriss 提出的"简化判别方法"，定义了地震中循环剪应力比（CSR）的计算公式，即

$$\text{CSR} = \frac{\tau_{av}}{\sigma'_v} = 0.65 \frac{a_{max}}{g} \frac{\sigma_v}{\sigma'_v} r_d \tag{5.9}$$

式中，CSR 为地震产生的循环剪应力比；τ_{av} 为地震产生的平均剪应力；a_{max} 为地震作用下地面峰值加速度；g 为重力加速度；σ_v 为地震作用下地面上总应力；σ'_v 为地震作用下有效应力；r_d 为应力折减系数。

当某土层 CSR > CRR 时判断该土层为液化土层，反之判断为非液化土层。

国外专家根据不同原位测试手段提出了相应的 CRR 判别公式，本章 SPT 判别公式参考 A.F.Rauch 在 1996 年提出的纯净砂判别公式，即

$$CRR_{7.5} = \frac{1}{34 - (N_1)_{60}} + \frac{(N_1)_{60}}{135} + \frac{50}{[10(N_1)_{60} + 45]^2} - \frac{1}{200} \tag{5.10}$$

式中，$(N_1)_{60}$ 是上覆压力是 100 kPa 同时锤击能为 60% 的标准贯入击数修正值；CRR 为土体抗地震液化强度。公式适用于 $(N_1)_{60} < 30$ 的情况，如果 $(N_1)_{60} > 30$，纯净土颗粒将非常密实以至于不会发生液化现象。

因为影响标准贯入测试结果的因素较多，后来对 $(N_1)_{60}$ 进行了修正，即

$$(N_1)_{60} = N_m C_N C_E C_B C_R C_S \tag{5.11}$$

式中，N_m 为测量的标准贯入值；C_N 为测量标准贯入值的修正系数；C_E 为锤击比修正值；C_B 为钻孔深度修正值；C_R 为杆长修正值；C_S 为土样是否有内衬修正值。

其中，对 C_N 的修正有 Seed 和 Idriss 在 1982 年提出的，以及 Liao 和 Whitman 在 1986 年提出的公式，即

$$C_N = (P_a/\sigma'_{vo})^{0.5} \tag{5.12}$$

$$C_N = 2.2/(1.2 + \sigma'_{vo}/P_a) \tag{5.13}$$

式中，P_a 为大气压强（100 kPa）；σ'_{vo} 为有效上覆压力。

为了将不同震级的地震能够合理地比较，提出了一个震级安全系数（F_s），公式为

$$F_s = (CRR_{7.5}/CSR)\,MSF \tag{5.14}$$

式中，CSR 为地震产生的循环剪应力比；$CRR_{7.5}$ 为 7.5 级地震产生的土体周期阻力比（7.5 级地震土体抗地震液化强度）；MSF 为震级放大系数。

不同的专家对 MSF 的定义形式上有所不同，但计算结果相差不多，Idriss 给出的震级安全系数为

$$MSF = 10^{2.24}/M_w^{2.56} \tag{5.15}$$

Andrus 和 Stokoe 给出的震级放大系数为

$$MSF = (M_w/7.5)^{-2.56} \tag{5.16}$$

本章采用式（5.15）计算巴楚地震的震级放大系数。

5.2.2 CPT 判别方法检验

CPT 具有测试连续性好、工作效率高、探头测量功能多、测试数据精确、重复性好、划分土层方便等优势，近些年渐渐地被用于场地液化判别、土层划分、土体承载能力测试等工程项目。

本节介绍我国 CPT 判别方法和国外常用的一些液化判别方法，我国工程界习惯应用沿深度变化的实测值临界曲线对场地进行液化判别，为了方便对比，文中推导了 Robertson 方法和 Olsen 方法沿深度变化的实测锥尖阻力临界曲线液化判别公式。

1.我国 CPT 判别方法

唐山地震发生后，奔赴现场、配合抗震救灾工作进行调查研究的科技人员不计其数，有的在地震的当天就赶到现场，地震平息后仍有不少研究者反复进入现场，继续调查核实情况。积累的资料十分丰富，反映了不同烈度区、不同场地条件下各类工程结构的不同震害程度和破坏特征，为减轻地震灾害的科学研究和工程实践提供了极为珍贵的第一手

资料。

《岩土工程勘察规范》(GB 50021—1994) 中采用静力触探试验判别,就是根据唐山地震不同烈度区的现场勘察资料,用判别函数法统计分析得出的。静力触探测试中有 36 个场地的原始勘察数据,其中液化场地勘察数据 24 个,非液化场地勘察数据 12 个,分布在 Ⅶ、Ⅷ、Ⅸ、Ⅹ 4 个烈度区。该液化判别方法适用于饱和砂土和饱和粉土。《岩规 2001》规定的 CPT 判别公式为

$$p_{scr} = p_{so} \alpha_w \alpha_u \alpha_p \tag{5.17}$$

$$q_{ccr} = q_{co} \alpha_w \alpha_u \alpha_p \tag{5.18}$$

$$\alpha_w = 1 - 0.065(d_w - 2) \tag{5.19}$$

$$\alpha_u = 1 - 0.05(d_u - 2) \tag{5.20}$$

式中,p_{scr},q_{ccr} 分别是饱和土静力触探比贯入阻力临界值和锥尖阻力临界值(MPa),当实测比贯入阻力 p_s 小于 p_{scr}、实测锥尖阻力 q_c 小于 q_{ccr} 时判断为液化;p_{so},q_{co} 分别是地下水位 2 m,上覆非液化土层厚度 2 m 时,饱和土液化判别比贯入阻力基准值和液化判别锥尖阻力基准值,具体数值见表 5.5;α_w 为水位埋深修正系数,地下常年含水且与地下水有水利联系时取 1.3;α_u 为非液化土层修正系数,深基础取 1.0;α_p 为土性修正系数,具体数值见表 5.6;d_w 为地下水位深度;d_s 为饱和砂土层埋深。

表 5.5　静力触探 p_{so},q_{co} 基准值

抗震设防烈度	Ⅶ 度	Ⅷ 度	Ⅸ 度
p_{so}/MPa	$5.0 \sim 6.0$	$11.5 \sim 13.0$	$18.0 \sim 20.0$
q_{co}/MPa	$4.6 \sim 5.5$	$10.5 \sim 11.8$	$16.4 \sim 18.2$

表 5.6　土性修正系数

土类	砂土	粉土	
静力触探摩阻比 R_f	$R_f \leqslant 0.4$	$0.4 < R_f \leqslant 0.9$	$R_f > 0.9$
α_p	1.00	0.60	0.45

2.国外 CPT 判别方法

1998 年 Robertson 和 Wride 提出纯净砂土的抗液化应力比,即

$$CRR_{7.5} = 0.833[(q_{c1N})_{cs}/1\,000] + 0.05, \quad q_{c1N} < 50 \tag{5.21}$$

$$CRR_{7.5} = 93[(q_{c1N})_{cs}/1\,000]^3 + 0.08, \quad 50 \leqslant q_{c1N} < 160 \tag{5.22}$$

式中,q_{c1N} 是修正到 100 kPa 的锥尖阻力值。

$$q_{c1N} = C_Q(q_c/P_a) \tag{5.23}$$

其中

$$C_Q = (P_a/\sigma'_{vo})^n \tag{5.24}$$

$$(q_{c1N})_{cs} = K_c q_{c1N} \tag{5.25}$$

式中,C_Q 为锥尖阻力修正值;q_c 为锥尖阻力实测值;n 为不同砂土的特性指数,根据土的颗粒特性取值在 $0.5 \sim 1.0$;K_c 为土性修正系数。

R.S.Olsen 给出了另外一个土体抗地震液化强度计算公式,即

$$CRR_{7.5} = 0.001\,28q_{c1} - 0.025 + 0.17R_f - 0.028R_f^2 + 0.001\,6R_f^3 \tag{5.26}$$

式中

$$q_{c1} = \frac{q_c}{(\sigma'_{vo})^{0.7}} \tag{5.27}$$

鉴于我国规范液化判别方法给出的都是随深度变化的临界曲线,为了方便国外判别方法和我国规范判别方法的比较,下面建立国外液化判别临界曲线随深度变化的公式。

前文提到过的当"某土层 CSR > CRR 时判断该土层为液化土层,反之判断为非液化土层",那么当 CSR = CRR 时便是判别场地砂层液化的临界条件,根据 6.8 级巴楚地震的地震放大系数与 CSR 和 CRR 的关系有

$$CRR_{7.5} = CSR/MSF \tag{5.28}$$

$$CSR = \frac{\tau_{av}}{\sigma'_{vo}} = 0.65(a_{max}/g)(\sigma_{vo}/\sigma'_{vo})r_d \tag{5.29}$$

式中,r_d 参考石兆吉给出的经验公式;σ_{vo}/σ'_{vo} 参考式(4.3)形式,这时式(5.29)为

$$CSR = 0.65(1 - 0.013\,3d_s)(a_{max}/g) \cdot \frac{19d_s}{9d_s + 10d_w} \tag{5.30}$$

根据式(5.21)和式(5.22),液化临界条件时有

$$(q_{c1N})_{cs} = \frac{1\,000(CSR_{7.5} - 0.05)}{0.833}, \quad q_{c1N} < 50 \tag{5.31}$$

$$(q_{c1N})_{cs} = 1\,000 \cdot \sqrt[3]{\frac{CSR_{7.5} - 0.08}{93}}, \quad 50 \leqslant q_{c1N} < 160 \tag{5.32}$$

根据式(5.23)和式(5.24),整理公式得到 Robertson 公式的锥尖阻力临界公式为

$$q_c = \begin{cases} \dfrac{(CSR_{7.5} - 0.05) \cdot 10^3}{8.33K_c[100/(9d_s + 10d_w)]^n}, & q_{c1N} < 50 \\[4mm] 10^2 \dfrac{1}{K_c[100/(9d_s + 10d_w)]^n} \sqrt[3]{\dfrac{CSR_{7.5} - 0.08}{93}}, & 50 \leqslant q_{c1N} < 160 \end{cases} \tag{5.33}$$

根据式(5.26)得到

$$q_{c1} = \frac{CRR_{7.5} + 0.025 - 0.17R_f + 0.028R_f^2 - 0.001\,6R_f^3}{0.001\,28} \tag{5.34}$$

根据式(5.27),整理得到 Olsen 公式的锥尖阻力临界公式为

$$q_c = \frac{CSR + 0.025 - 0.17R_f + 0.028R_f^2 - 0.001\,6R_f^3}{0.001\,28} \cdot (\sigma'_{vo})^{0.7} \tag{5.35}$$

5.3　原位测试方法的检验及判别结果

地震现场勘察是场地液化判别基础数据的最主要来源,场地液化层和非液化层的划分是液化判别的关键,而液化判别成功率则是衡量原位测试液化判别方法的重要标准,也是考量判别方法在某地区适用性的重要标准。本节详细分析国内外标准贯入测试(SPT)液化判别方法和静力触探测试(CPT)液化判别方法在巴楚地区的适用性。

5.3.1　SPT 方法

根据现场勘察数据、液化层的划分和国内外 SPT 液化判别式(5.1)、式(5.2)、式(5.10)、式(5.11)、式(5.12),给出液化场地和非液化场地液化判别正误详情列表(表 5.7、表 5.8)。

表 5.7　SPT 液化场地判别正误详情

序号	钻孔	烈度	我国规范	Rauch 方法
1	SY06	IX	正确	正确
2	SY07	IX	正确	正确
3	SY09	IX	正确	正确
4	SY12	IX	正确	正确
5	SY14	IX	误判	正确
6	ZK30	IX	正确	正确
7	SY01	VIII	正确	正确
8	SY08	VIII	正确	正确
9	SY11	VIII	误判	误判
10	SY16	VIII	误判	误判
11	SY17	VIII	误判	正确
12	SY18	VIII	误判	误判
13	SY21	VIII	正确	正确
14	SY25	VIII	正确	误判
15	SY05	VII	误判	误判
16	SY19	VII	误判	正确
17	SY23	VII	误判	误判
18	SY24	VII	误判	误判
19	SY26	VII	误判	误判
20	SY27	VII	误判	误判
21	SY29	VII	误判	误判

表 5.8　SPT 非液化场地判别正误详情

序号	钻孔	烈度	我国规范	Rauch 方法
1	E02	IX	正确	正确
2	E04	IX	正确	正确
3	E05	IX	误判	误判
4	ZK33	IX	正确	误判
5	ZK38	IX	误判	误判

续表5.8

序号	钻孔	烈度	我国规范	Rauch 方法
6	ZK39	Ⅸ	正确	误判
7	E03	Ⅷ	正确	正确
8	E06	Ⅷ	正确	正确
9	E09	Ⅷ	正确	正确
10	E10	Ⅷ	正确	正确
11	E11	Ⅷ	正确	正确
12	ZK13	Ⅷ	正确	正确
13	ZK24	Ⅷ	正确	正确
14	ZK25	Ⅷ	正确	正确
15	ZK36	Ⅷ	正确	正确
16	E07	Ⅵ	正确	正确
17	E08	Ⅵ	正确	正确
18	E12	Ⅵ	正确	正确
19	E13	Ⅵ	正确	正确
20	ZK14	Ⅷ	正确	误判
21	ZK15	Ⅷ	正确	正确
22	ZK16	Ⅷ	正确	正确
23	ZK17	Ⅷ	正确	正确
24	ZK20	Ⅵ	正确	误判
25	ZK26	Ⅷ	误判	误判
26	ZK41	Ⅷ	误判	误判

将国内外 SPT 液化判别方法成功率汇总,列于表 5.9。

表 5.9　国内外 SPT 液化判别方法成功率

判别方法	液化场地判别成功率 /%	非液化场地判别成功率 /%	合计判别成功率 /%
我国规范	43	85	66
Rauch 方法	52	69	62

5.3.2　CPT 方法

根据现场勘察数据、液化层的划分和国内外静力触探测试(CPT)液化判别式(5.18)、式(5.19)、式(5.20)、式(5.33)、式(5.35),给出液化场地和非液化场地液化判别正误详情列表(表 5.10、表 5.11)。

表 5.10   CPT 液化场地判别正误详情

序号	钻孔	烈度	我国规范	Robertson 方法	Olsen 方法
1	SY06	IX	正确	正确	误判
2	SY07	IX	正确	正确	正确
3	SY09	IX	正确	正确	正确
4	SY12	IX	正确	正确	正确
5	SY14	IX	正确	正确	正确
6	ZK30	IX	正确	正确	误判
7	SY01	VIII	正确	正确	正确
8	SY04	VIII	正确	误判	误判
9	SY08	VIII	正确	正确	误判
10	SY11	VIII	正确	正确	误判
11	SY16	VIII	正确	误判	误判
12	SY17	VIII	正确	正确	误判
13	SY18	VIII	正确	正确	误判
14	SY21	VIII	正确	正确	误判
15	SY25	VIII	正确	误判	误判
16	SY05	VII	正确	正确	正确
17	SY19	VII	正确	误判	误判
18	SY23	VII	误判	误判	误判
19	SY24	VII	正确	误判	误判
20	SY26	VII	正确	误判	正确
21	SY27	VII	误判	误判	误判
22	SY29	VII	正确	误判	误判

表 5.11   CPT 非液化场地判别正误详情

序号	钻孔	烈度	我国规范	Robertson 方法	Olsen 方法
1	E02	IX	正确	正确	正确
2	E04	IX	误判	正确	正确
3	E05	IX	误判	误判	正确
4	ZK33	IX	正确	正确	正确
5	ZK38	IX	误判	误判	正确
6	ZK39	IX	误判	误判	正确
7	E03	VIII	正确	正确	正确
8	E06	VIII	正确	正确	正确

续表5.11

序号	钻孔	烈度	我国规范	Robertson 方法	Olsen 方法
9	E09	Ⅷ	正确	正确	正确
10	E10	Ⅷ	正确	正确	正确
11	E11	Ⅷ	正确	正确	正确
12	ZK13	Ⅷ	正确	正确	正确
13	ZK24	Ⅷ	误判	误判	正确
14	ZK25	Ⅷ	正确	正确	正确
15	E07	Ⅶ	正确	正确	正确
16	E08	Ⅶ	正确	正确	正确
17	E12	Ⅶ	正确	正确	正确

将国内外 CPT 液化判别方法成功率汇总,列于表 5.12。

表 5.12　国内外 CPT 判别方法成功率

判别方法	液化场地判别成功率 /%	非液化场地判别成功率 /%	合计判别成功率 /%
我国方法	91	71	82
Robertson 方法	59	76	67
Olsen 方法	32	100	62

5.3.3　原位测试液化判别结果

SPT 液化判别方法结果如下。

我国规范方法误判场地共计 16 个,其中液化场地误判点 12 个,包括 Ⅸ 度区误判点 1 个、Ⅷ 度区误判点 4 个、Ⅶ 度区误判点 7 个;非液化场地误判点 4 个,包括 Ⅸ 度区误判点 2 个、Ⅷ 度区误判点 2 个。使用 Rauch 方法误判场地共计 18 个,其中液化场地误判点 10 个,包括 Ⅷ 度区误判点 4 个、Ⅶ 度区误判点 6 个;非液化场地误判点 8 个,包括 Ⅸ 度区误判点 4 个、Ⅷ 度区误判点 3 个、Ⅶ 度区误判点 1 个。将典型误判点绘于图 5.1。

CPT 液化判别方法结果如下。

我国规范方法误判场地共计 7 个,其中液化场地误判点 2 个,都在 Ⅶ 度区;非液化场地误判点 5 个,包括 Ⅸ 度区误判点 4 个、Ⅷ 度区误判点 1 个。使用 Robertson 方法误判场地共计 13 个,其中液化场地误判点 9 个,包括 Ⅷ 度区误判点 3 个、Ⅶ 度区误判点 6 个;非液化场地误判点 4 个,包括 Ⅸ 度区误判点 3 个、Ⅷ 度区误判点 1 个。使用 Olsen 方法误判场地共计 15 个,全在液化场地,包括 Ⅸ 度区误判点 2 个、Ⅷ 度区误判点 8 个、Ⅶ 度区误判点 5 个。将典型误判点绘于图 5.2。

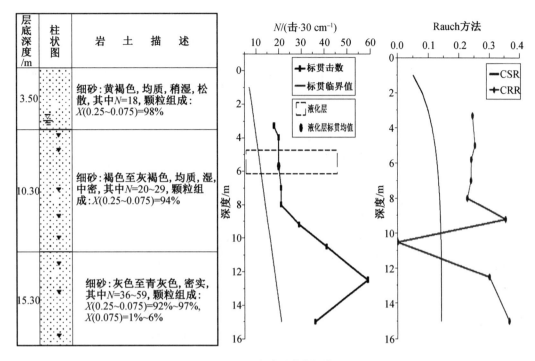

(a) SY11, Ⅷ度区液化场地

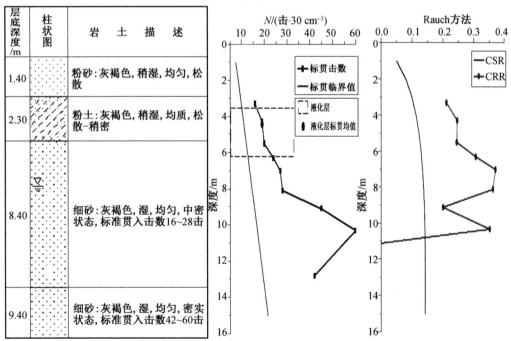

(b) SY16, Ⅷ度区液化场地

图 5.1 国内外 SPT 液化判别方法典型误判点

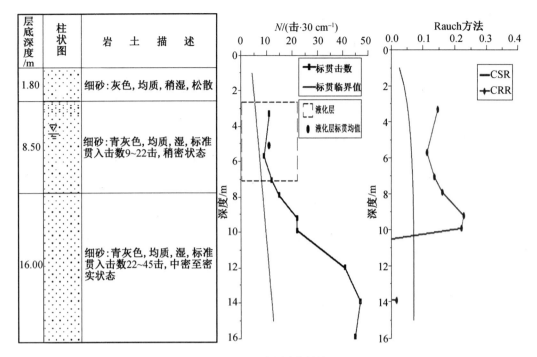

(c) SY24,Ⅷ度区液化场地

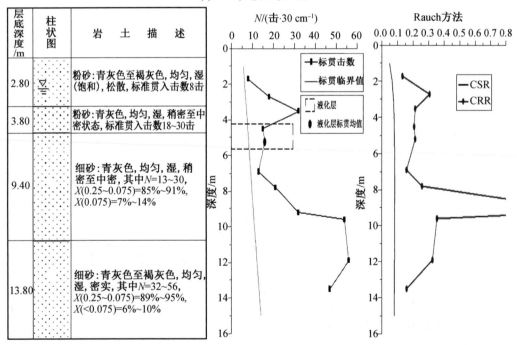

(d) SY27,Ⅶ度区液化场地

续图 5.1

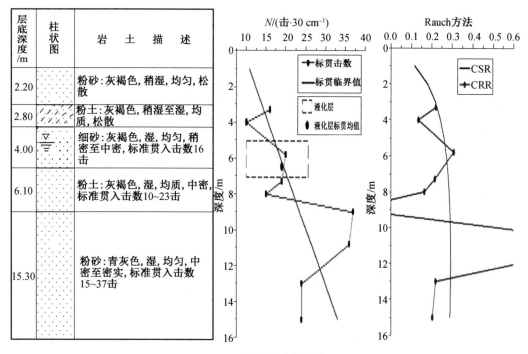

(e) E05,Ⅸ度区非液化场地

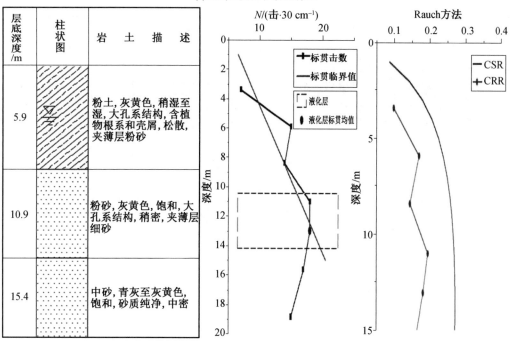

(f) ZK26,Ⅷ度区非液化场地

续图 5.1

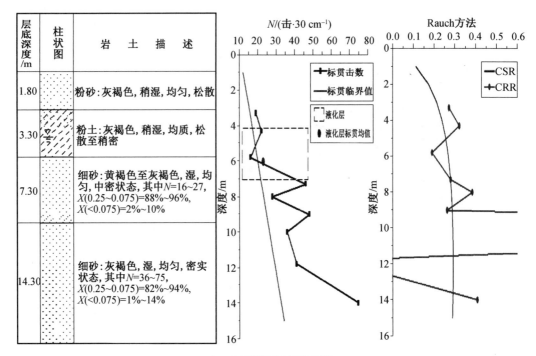

(g) ZK38,Ⅸ度区非液化场地

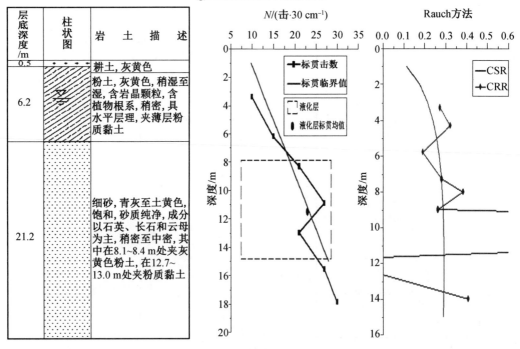

(h) ZK41,Ⅷ度区非液化场地

续图 5.1

层底深度/m	柱状图	岩 土 描 述
1.80		细砂:黄褐色,均匀,松散,稍湿
3.20		粉质黏土:黄褐色,均质,湿,稍有光泽,韧性和干强度中等,可塑
5.60		细砂:黄褐色,均质,湿至很湿(饱和),稍密至中密,其中$N=16$,颗粒组成:$X(0.25\sim0.075)=97\%$
8.00		细砂:黄褐色,均质,饱和,中密,其中$N=29$,颗粒组成:$X(0.25\sim0.075)=94\%,X(<0.075)=2\%$
12.50		细砂:黄褐色,均质,饱和,密实状态,其中$N=39\sim52$,颗粒组成:$X(0.25\sim0.075)=97\%,X(<0.075)=1\%$

(a) SY06,Ⅸ度区液化场地

层底深度/m	柱状图	岩 土 描 述
1.40		粉砂:灰褐色,稍湿,均匀,松散
2.30		粉土:灰褐色,稍湿,均质,松散至稍密
8.40		细砂:灰褐色,湿,均匀,中密状态,标准贯入击数16~28击
9.40		细砂:灰褐色,湿,均匀,密实状态,标准贯入击数42~60击

(b) SY16,Ⅷ度区液化场地

图 5.2　国内外 CPT 液化判别方法典型误判点

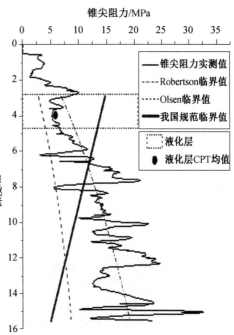

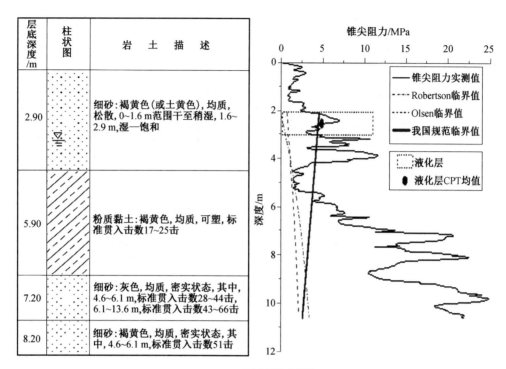

(c) SY19,Ⅶ度区液化场地

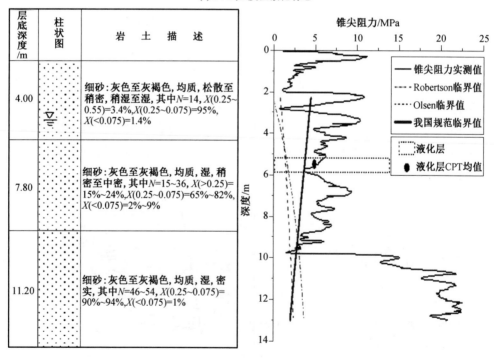

(d) SY23,Ⅶ度区液化场地

续图 5.2

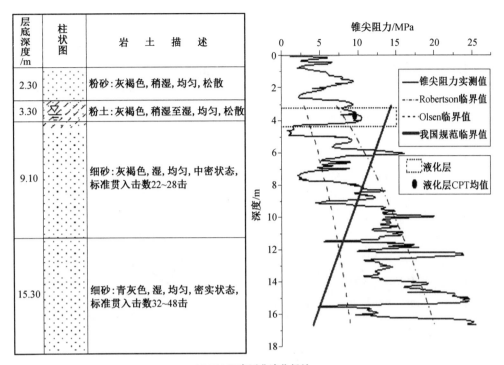

层底深度/m	柱状图	岩 土 描 述
2.30		粉砂:灰褐色,稍湿,均匀,松散
3.30		粉土:灰褐色,稍湿至湿,均匀,松散
9.10		细砂:灰褐色,湿,均匀,中密状态,标准贯入击数22~28击
15.30		细砂:青灰色,湿,均匀,密实状态,标准贯入击数32~48击

(e) E04,Ⅸ度区非液化场地

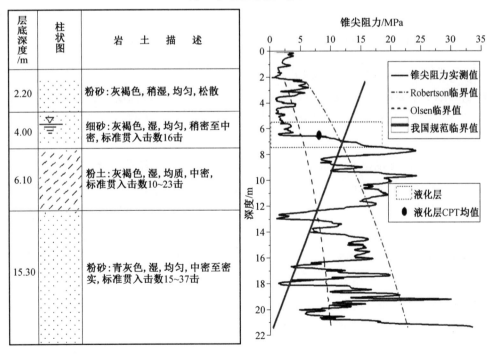

层底深度/m	柱状图	岩 土 描 述
2.20		粉砂:灰褐色,稍湿,均匀,松散
4.00		细砂:灰褐色,湿,均匀,稍密至中密,标准贯入击数16击
6.10		粉土:灰褐色,湿,均质,中密,标准贯入击数10~23击
15.30		粉砂:青灰色,湿,均匀,中密至密实,标准贯入击数15~37击

(f) E05,Ⅸ度区非液化场地

续图 5.2

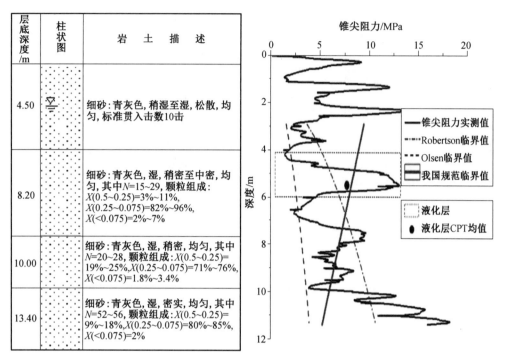

层底深度/m	柱状图	岩 土 描 述
4.50		细砂:青灰色,稍湿至湿,松散,均匀,标准贯入击数10击
8.20		细砂:青灰色,湿,稍密至中密,均匀,其中N=15~29,颗粒组成:X(0.5~0.25)=3%~11%,X(0.25~0.075)=82%~96%,X(<0.075)=2%~7%
10.00		细砂:青灰色,湿,稍密,均匀,其中N=20~28,颗粒组成:X(0.5~0.25)=19%~25%,X(0.25~0.075)=71%~76%,X(<0.075)=1.8%~3.4%
13.40		细砂:青灰色,湿,密实,均匀,其中N=52~56,颗粒组成:X(0.5~0.25)=9%~18%,X(0.25~0.075)=80%~85%,X(<0.075)=2%

(g) ZK24,Ⅷ度区非液化场地

续图 5.2

5.3.4　判别结果分析

SPT 液化判别方法误判分析如下。

规范法误判点 16 个,液化场地误判点 12 个,误判严重。误判场地主要出现在烈度为 Ⅷ 度区、Ⅶ 度区的液化区,占到了液化误判点的 92%。尤其以 Ⅶ 度区误判最为严重,占到液化误判点的 58%。

Rauch 方法液化场地和非液化场地判别成功率都不高,液化场地判别成功率仅在 52%。液化场地误判点集中在 Ⅷ 度区和 Ⅶ 度区,非液化场地集中在 Ⅸ 度区和 Ⅷ 度区。

可以看出规范法和 Rauch 方法在巴楚地震液化判别中是偏于危险的。

CPT 液化判别方法误判分析如下。

我国规范在液化场地判别中成功率很高,39 个现场勘察场地中,液化场地误判点仅有 2 个,非液化场地误判点也只有 5 个。

Robertson 方法液化场地判别成功率只有 59%,误判区主要出现在 Ⅷ 度区、Ⅶ 度区,尤其以 Ⅶ 度区最为严重,占液化场地误判点的 67%;非液化场地误判点较少,误判点大部分处在 Ⅸ 度。从结果中可以看出,Robertson 方法在液化场地低烈度区和非液化场地高烈度区误判严重。

Olsen 方法液化场地判别成功率仅有 32%,相对于 Robertson 方法成功率更低,从典型误判点中也可以看出,Olsen 方法相对于 Robertson 方法更偏于危险。

　　初步分析认为:前文给出巴楚地震液化场地液化土层各烈度标准贯入基准值,同时与我国规范(《建规 2001》)各烈度标准贯入基准值进行对比(图 5.3 和表 5.13)。

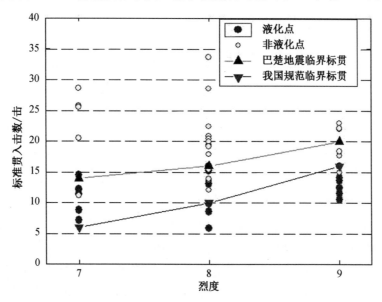

图 5.3　巴楚地震和我国规范标准贯入基准值对比图

表 5.13　巴楚地震和我国规范标准贯入基准值对比表

抗震设防烈度	Ⅶ 度	Ⅷ 度	Ⅸ 度
我国规范标准贯入基准值 / 击	6	10	16
巴楚地震标准贯入基准值 / 击	13	15	19

　　由图 5.3 和表 5.13 可以看出,巴楚地震各烈度标准贯入基准值比规范偏大,尤其以 Ⅶ 度区和 Ⅷ 度区尤为突出。

　　总体上说,国外 SPT 和 CPT 液化判别成功率都很低,初步推测是由于国外液化场地特点与巴楚地区有所不同。我国规范 SPT 判别方法液化场地判别成功率很低,主要是因为液化判别基础数据主要来源于我国几次大地震,巴楚地震虽然也是砂土液化,但经过对比发现土性和埋藏条件与我国几次大地震的差异是明显的,也应该是误判的一个原因。我国规范 CPT 判别方法单纯从检验效果上很好,但是发现其临界线与国外两种方法定性上不同,需要认真研究。

5.4　液化判别方法临界曲线对比

5.4.1　新疆液化判别方法与《岩土工程勘察规范》等液化临界曲线的对比

根据新疆巴楚地震液化调查资料和理论研究,给出针对新疆巴楚地区的 SPT 和 CPT

液化判别公式（具体公式推导见第 7 章）见式（5.36）、式（5.37），标准贯入基准值见表5.14，锥尖阻力基准值见表 5.15，分别为

$$N_{cr} = N_0(0.92 - 0.08d_w + 0.08d_s) \tag{5.36}$$
$$q_c = q_0(0.89 - 0.05d_w + 0.07d_s) \tag{5.37}$$

表 5.14　　新疆液化判别公式标准贯入基准值

烈度	Ⅶ 度	Ⅷ 度	Ⅸ 度
N_0/ 击	13	15	19

表 5.15　　新疆液化判别公式锥尖阻力基准值

烈度	Ⅶ 度	Ⅷ 度	Ⅸ 度
q_0/MPa	4.8	5.8	7.4

以地下水位为 1 m 为例，对比 15 m 范围内不同烈度和不同原位测试手段的新疆液化临界曲线与《建规 2001》和《建规 2010》液化临界曲线，得到图 5.4、图 5.5。

通过图 5.4 和图 5.5 的对比发现：本章新疆实测数据得到的 SPT 与《建规 2001》《建规 2010》SPT 液化判别临界曲线虽然存在定量差别，但形式上定性相同，都表明随饱和砂土层埋深变深液化势增大，新疆实测数据得到的 CPT 液化临界曲线也是如此，但均与《建规 2001》《建规 2010》CPT 液化临界曲线定性上相反。

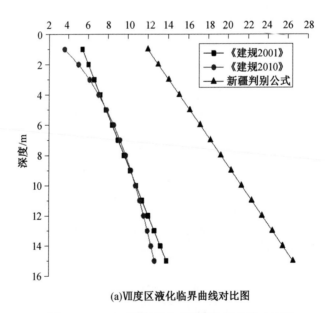

(a)Ⅶ度区液化临界曲线对比图

图 5.4　SPT 不同判别公式液化临界曲线对比图

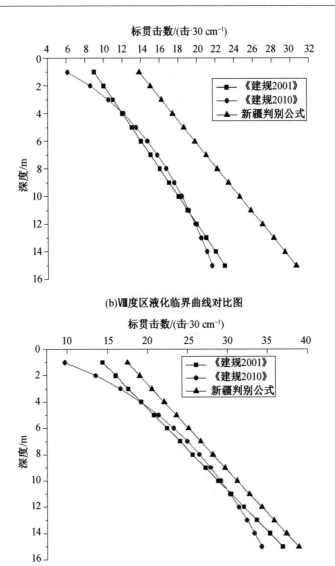

(b)Ⅷ度区液化临界曲线对比图

(c)Ⅸ度区液化临界曲线对比图

续图 5.4

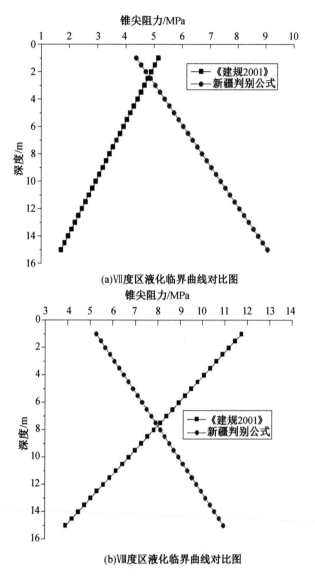

(a)Ⅶ度区液化临界曲线对比图

(b)Ⅷ度区液化临界曲线对比图

图 5.5　CPT 不同判别公式临界曲线对比图

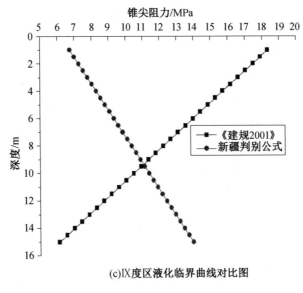

(c)Ⅸ度区液化临界曲线对比图

续图 5.5

5.4.2　国内外液化临界曲线形式

在地震液化场地勘察中一般使用下面几种原位测试技术:标准贯入测试(SPT)、剪切波速测试(Vs)和静力触探测试(CPT)。由此现场液化判别方法包括:SPT 液化判别方法、Vs 液化判别方法和 CPT 液化判别方法。

液化判别方法经过国内外专家多年的研究和发展,形成了许多针对不同原位测试技术的液化判别公式。研究发现除了 CPT 液化判别临界曲线外,其他液化判别临界曲线都有一个共性:15 m 范围内随土层埋深的变深液化势是增大的。

以下是根据国内外不同原位测试为基础的液化判别方法。

假定某砂土场地地下水位为 1 m,场地土性为砂土地质。

根据《建规 2001》SPT 液化判别式(5.38),由表 5.2 规定的标准贯入基准值,将不同烈度下该方法的标准贯入临界曲线绘于图 5.6。

$$N_{cr} = N_0 \left[0.9 + 0.1(d_s - d_w)\right] \sqrt{3/\rho_c}, \quad d_s \leqslant 15 \text{ m} \tag{5.38}$$

根据《建规 2010》SPT 液化判别式(5.39),由表 5.3 规定的标准贯入基准值,将不同烈度下该方法的标准贯入临界曲线绘于图 5.7。

$$N_{cr} = N_0 \beta \left[\ln(0.6d_s + 1.5) - 0.1d_w\right] \sqrt{3/\rho_c} \tag{5.39}$$

式中,砂土 $\rho_c = 3$,β 为调整系数。

《岩规 2001》规定用剪切波速判别地下 15 m 范围内饱和砂土和粉土的地震液化,可采用石兆吉剪切波速判别式,即

$$V_{scr} = V_{s0} (d_s - 0.013\,3d_s^2)^{0.5} \left[1 - 0.185 \cdot \left(\frac{d_w}{d_s}\right)\right] (3/\rho_c)^{0.5} \tag{5.40}$$

式中,V_{scr} 为剪切波速临界值,V_{s0} 为剪切波速基准值。

不同烈度剪切波速基准值取值见表 5.16。

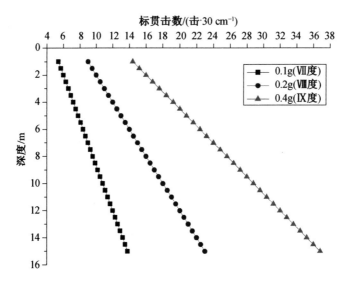

图 5.6 《建规 2001》不同烈度下 SPT 液化临界曲线

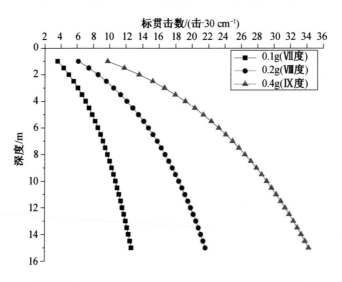

图 5.7 《建规 2010》不同烈度下 SPT 液化临界曲线

表 5.16 不同裂度剪切波速基准值

土类	$V_{s0}/(\mathrm{m \cdot s^{-1}})$		
	Ⅶ 度	Ⅷ 度	Ⅸ 度
砂土	65	95	130
粉土	45	65	90

得到不同烈度下剪切波速临界曲线如图 5.8 所示。

1988 年丁伯阳借鉴石兆吉的剪切波速液化判别式,参考宁夏灵武地震砂土液化原始数据,提出了临界剪切波速的关系式,即

$$V_{scr} = V_{s0}(d_s - 0.008\ 65d_s^2)^{0.5} \tag{5.41}$$

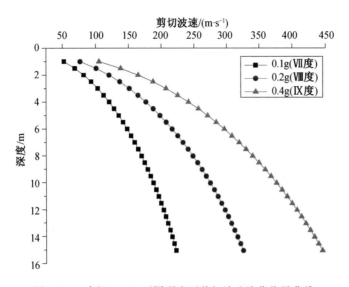

图 5.8　《建规 2001》不同烈度下剪切波速液化临界曲线

　　由于地震烈度的不同,因此 Ⅶ 度、Ⅷ 度、Ⅸ 度剪切波速基准值分别取 59 m/s、82 m/s 和116 m/s。根据公式,不同烈度剪切波速液化临界曲线见图 5.9。

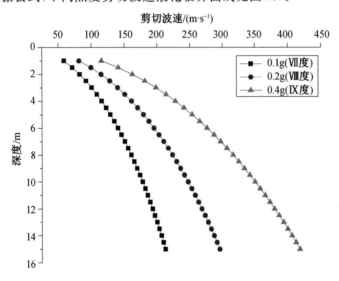

图 5.9　丁伯阳液化判别公式不同烈度剪切波速液化临界曲线

　　推导的 Robertson 公式(5.32) 和 Olsen 公式(5.33) 的 CPT 液化临界公式由于受场地因素影响过多,单独假定地下水位无法给出相应的临界曲线,这里用实测场地数据加以对比分析,不同烈度临界曲线随饱和砂土层埋深变化的形式,见图5.10。虽然图5.10都是不同烈度下孤立的勘察场地,但却能够代表不同烈度区液化临界曲线随饱和砂土层埋深的变化趋势。

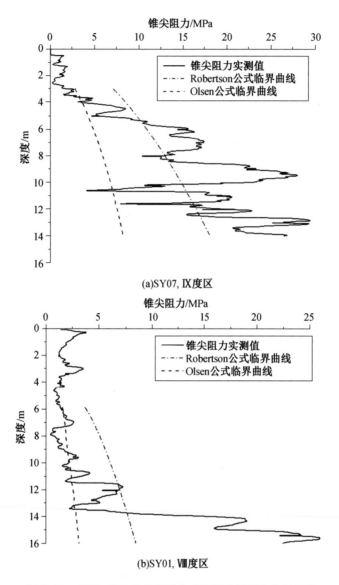

(a)SY07, IX度区

(b)SY01, VIII度区

图 5.10　国外 CPT 液化判别公式不同烈度下的临界曲线

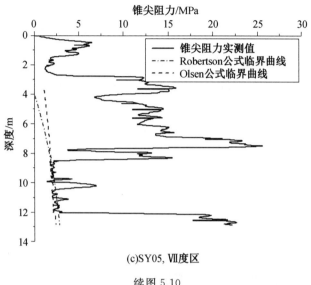

(c)SY05, Ⅶ度区

续图 5.10

可以看出,以 SPT、Vs 和 CPT 原位测试指标为基准的国内外液化临界曲线均随埋深的变大而液化势增大,液化可能性增强。

我国《岩规 2001》规定的 CPT 液化判别方法见式(5.18)、式(5.19) 和式(5.20),根据表 5.5 和表 5.6,能够得出相应不同烈度下的液化临界曲线,同样我们以地下水位为 1 m,场地为砂土地质,取 $R_f \leqslant 0.4$,液化临界曲线如图 5.11 所示。

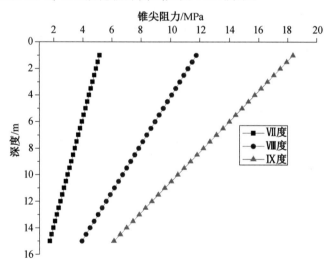

图 5.11　《岩规 2001》CPT 液化判别方法不同烈度下液化临界曲线

以上结果表明,所有的国内外液化判别临界曲线,无论是本章新疆实测数据得到的 SPT 和 CPT 液化临界曲线,还是我国规范 SPT 临界曲线,以及 Vs 和 CPT 液化判别临界曲线,形式上定性相同,均随埋深的变大而增大,只有我国规范 CPT 液化临界曲线随埋深的增大而减小,表现出定性上的不同。

5.5　地下水位和土层深度与液化势关系的理论解答

砂土液化判别可以通过两种方式进行判别：第一种是经验方法，第二种是试验－分析方法。我国规范 CPT 液化判别方法属于经验方法。经验方法的优点是液化判别临界曲线直观，公式中能够体现主要液化影响因素，工程中应用方便。但是经验方法的主要不足是缺乏理论基础，判别公式仅以分散的液化土层数据为依据，根据这些不连续的液化数据会得出不同形式的临界曲线，特别是在数据少或来源可靠性差的条件下，甚至得到的公式会与现有理论认识相悖。

试验－分析方法能很好地避免经验方法的不足，是以液化试验和土体地震反应分析为基础，不依赖于液化调查数据，理论基础较为扎实，可靠性较好，代表国际上液化判别方法的发展趋势，其中最具代表性的是 Seed－Idriss 方法（以下称为 Seed 模型），已经得到国内外广泛认可。

本章以 Seed 模型为基础，提出地下水位和土层深度与液化势关系的理论解答，并给出典型算例，提出地下水位和土层深度对液化势影响的一般性结果。

5.5.1　Seed 模型

Seed 模型中有两个基本模型，一是地震作用时水平地面下饱和砂土体承受的水平地震剪应力 τ_{eq}，二是饱和砂土体能够发生液化的最小水平地震剪应力 τ_d，通过比较 τ_{eq} 和 τ_d，判别饱和砂土体是否发生液化。

假定地表最大加速度为 a_{max} 时，应力折减系数 γ_d，地面下各土层水平地震最大剪应力幅值 τ_m 为

$$\tau_m = \gamma_d \frac{a_{max}}{g} \sigma_\gamma = \gamma_d \frac{a_{max}}{g} \sum_{i=1}^{n} \gamma_i h_i \tag{5.42}$$

式中，γ_i 为土的容重，地下水位以上为土的天然重度，地下水位以下为土的饱和重度；h_i 为土层厚度；g 为重力加速度。

等价的水平地震剪应力的最大幅值为

$$\tau_{eq} = 0.65\tau_m = 0.65\gamma_d \frac{a_{max}}{g} \sigma_\gamma = 0.65\gamma_d \frac{a_{max}}{g} \sum_{i=1}^{n} \gamma_i h_i \tag{5.43}$$

三轴液化试验土样 45° 面上的液化应力比 $\sigma_{a,d}/2\sigma_3$ 与当时少量的剪切液化试验土样水平面上的液化应力比 τ_d/σ'_γ 相比，发现前者明显比后者高。为考虑这个情况，引入了修正系数 C_γ，其表达为

$$\frac{\tau_d}{\sigma'_\gamma} = C_\gamma \frac{\sigma_{a,d}}{2\sigma_3} \tag{5.44}$$

式中，C_γ 为与砂土相对密度相关的液化应力比。式（5.44）可以改写成

$$\tau_d = C_\gamma \frac{\sigma_{a,d}}{2\sigma_3} \sigma'_\gamma \tag{5.45}$$

式中，$\sigma_{a,d}$ 为动应力；σ_3 为动三轴试验振前试样 45° 面上的有效法向应力；σ'_γ 为作用于土

体的竖向有效应力,其表达为

$$\sigma'_{\gamma} = \sum_{i=1}^{n} \gamma'_i h_i \tag{5.46}$$

式中,当土层在地下水位以上时 γ'_i 为土的天然重度,在地下水位以下时 γ'_i 为土的浮重度(有效重度),在地下水位以下时 $\gamma'_i = \gamma_{sat} - \gamma_w$; γ_w 为水的重度。

根据砂土平均粒径和相对密度的关系,计算 50% 相对密度下的液化应力比为 $[\sigma_{a,d}/2\sigma_3]_{50}$,假设相对密度 D_r 小于 80% 时液化应力比 $\sigma_{a,d}/2\sigma_3$ 与 D_r 成正比,在不同相对密度下得到液化应力比表达为

$$\frac{\sigma_{a,d}}{2\sigma_3} = \frac{D_r}{50} \left[\frac{\sigma_{a,d}}{2\sigma_3} \right]_{50} \sigma'_{\gamma} \tag{5.47}$$

进一步,由式(5.45)和式(5.47),可以将饱和砂土液化所需要的水平地震剪应力 τ_d 写为

$$\tau_d = C_{\gamma} \frac{D_r}{50} \left[\frac{\sigma_{a,d}}{2\sigma_3} \right]_{50} \sigma'_{\gamma} \tag{5.48}$$

再根据 τ_{eq} 和 τ_d 的关系,就可以对土体逐层进行液化检验。

当 $\tau_{eq} > \tau_d$ 时,也就是当饱和砂土体承受的水平地震剪应力大于饱和砂土体能够发生液化所需要的最小水平地震剪应力时,判断该土层为液化区域,反之判断该土层为非液化区域。

5.5.2　地下水位与液化势关系的理论解答

Seed 模型中,以 $\dfrac{\tau_{eq}}{\tau_d} = 1$ 表示液化临界状态,本章则进一步以 $\dfrac{\tau_{eq}}{\tau_d}$ 表示液化势,即 $\dfrac{\tau_{eq}}{\tau_d}$ 越大,液化势越大,液化可能性越大,反之亦然。

本章以图 5.12 所示的均质土层模型为研究对象,推导地下水位与液化势关系的理论解答,图中, h_w 代表地下水位埋深, h_s 代表土层深度。

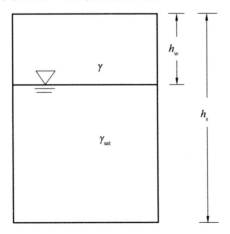

图 5.12　均质土层模型

图 5.12 的模型中,土体深度 h_s 处上覆总应力 σ_{γ} 和深度 h_s 处上覆有效应力 σ'_{γ} 分别可

表示为

$$\sigma_\gamma = \gamma h_{\text{w}} + \gamma_{\text{sat}}(h_{\text{s}} - h_{\text{w}}) = (\gamma - \gamma_{\text{sat}})h_{\text{w}} + \gamma_{\text{sat}}h_{\text{s}} \tag{5.49}$$

$$\sigma'_\gamma = \gamma h_{\text{w}} + \gamma'(h_{\text{s}} - h_{\text{w}}) = (\gamma - \gamma')h_{\text{w}} + \gamma' h_{\text{s}} \tag{5.50}$$

以土层深度 h_{s} 处为研究对象注意到,由于 $(\gamma - \gamma_{\text{sat}}) < 0$,因此由式(5.49)可知随着地下水位变深($h_{\text{w}}$ 变大),总应力 σ_γ 会变小;$(\gamma - \gamma') > 0$,由式(5.50)可知随地下水位变深,有效应力 σ'_γ 会变大。土层深度 h_{s} 处地下水位变化对总应力 σ_γ 和有效应力 σ'_γ 的影响,如图 5.13 所示。

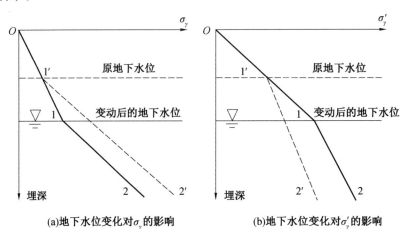

(a)地下水位变化对 σ_γ 的影响　　　　(b)地下水位变化对 σ'_γ 的影响

图 5.13　地下水位变化对总应力 σ_γ 和有效应力 σ'_γ 的影响

由式(5.54)和式(5.18)有

$$\frac{\tau_{\text{eq}}}{\tau_{\text{d}}} = \frac{0.65\gamma_{\text{d}}\dfrac{a_{\max}}{g}}{C_\gamma \dfrac{D_{\text{r}}}{50}\left[\dfrac{\sigma_{\text{a,d}}}{2\sigma_3}\right]_{50}} \cdot \frac{\sigma_\gamma}{\sigma'_\gamma} = \frac{0.65\gamma_{\text{d}}\dfrac{a_{\max}}{g}\displaystyle\sum_{i=1}^{n}\gamma_i h_i}{C_\gamma \dfrac{D_{\text{r}}}{50}\left[\dfrac{\sigma_{\text{a,d}}}{2\sigma_3}\right]_{50}\displaystyle\sum_{i=1}^{n}\gamma'_i h_i} \tag{5.51}$$

设 $\dfrac{0.65\gamma_{\text{d}}\dfrac{a_{\max}}{g}}{C_\gamma \dfrac{D_{\text{r}}}{50}\left[\dfrac{\sigma_{\text{a,d}}}{2\sigma_3}\right]_{50}}$ 为 k,相同情况场地 k 为常数,则式(5.51)可变为

$$\frac{\tau_{\text{eq}}}{\tau_{\text{d}}} = k\frac{\sigma_\gamma}{\sigma'_\gamma} = k\frac{\displaystyle\sum_{i=1}^{n}\gamma_i h_i}{\displaystyle\sum_{i=1}^{n}\gamma'_i h_i} = k\frac{\gamma h_{\text{w}} + \gamma_{\text{sat}}(h_{\text{s}} - h_{\text{w}})}{\gamma h_{\text{w}} + \gamma'(h_{\text{s}} - h_{\text{w}})} \tag{5.52}$$

当 k 为常数,砂土层埋深一定时,定义液化势为 $f(h_{\text{w}})$,$f(h_{\text{w}})$ 为地下水位的一元一次函数,其表达为

$$f(h_{\text{w}}) = \frac{\tau_{\text{eq}}}{\tau_{\text{d}}} = k\frac{\gamma h_{\text{w}} + \gamma_{\text{sat}}(h_{\text{s}} - h_{\text{w}})}{\gamma h_{\text{w}} + \gamma'(h_{\text{s}} - h_{\text{w}})} \tag{5.53}$$

式(5.53)中对地下水位求导,则有

$$f'(h_{\text{w}}) = k\left[\frac{\gamma h_{\text{w}} + \gamma_{\text{sat}}(h_{\text{s}} - h_{\text{w}})}{\gamma h_{\text{w}} + \gamma'(h_{\text{s}} - h_{\text{w}})}\right]'$$

$$= k\,\frac{[\gamma h_{\mathrm{w}} + \gamma'(h_{\mathrm{s}} - h_{\mathrm{w}})](\gamma - \gamma_{\mathrm{sat}})}{[\gamma h_{\mathrm{w}} + \gamma'(h_{\mathrm{s}} - h_{\mathrm{w}})]^2} - k\,\frac{[\gamma h_{\mathrm{w}} + \gamma_{\mathrm{sat}}(h_{\mathrm{s}} - h_{\mathrm{w}})](\gamma - \gamma')}{[\gamma h_{\mathrm{w}} + \gamma'(h_{\mathrm{s}} - h_{\mathrm{w}})]^2}$$

$$= k\,\frac{(\gamma' - \gamma_{\mathrm{sat}})\gamma h_{\mathrm{s}}}{[\gamma h_{\mathrm{w}} + \gamma'(h_{\mathrm{s}} - h_{\mathrm{w}})]^2} \tag{5.54}$$

由于$(\gamma' - \gamma_{\mathrm{sat}}) < 0$,因此由式(5.54)有 $f'(h_{\mathrm{w}}) < 0$,即 $f(h_{\mathrm{w}})$ 为单调递减函数。也就是说,k 为常数,砂土层埋深一定时,随 h_{w} 的变深,$f(h_{\mathrm{w}})$ 变小。

由此可以得出结论:对同一埋深的饱和砂土层,其他条件不变,随地下水位变深,此饱和砂土层液化势减小。由此结论,可推知所有液化判别公式中,表示地下水位参数 d_{w} 前面的影响系数应为负数。

进一步,为分析地下水位对同一埋深饱和砂土层液化势的影响,给出算例。砂土天然重度 $\gamma = 16 \sim 20\ \mathrm{kN/m^3}$,砂土饱和重度 $\gamma_{\mathrm{sat}} = 18 \sim 23\ \mathrm{kN/m^3}$,水的重度 $\gamma_{\mathrm{w}} = 10\ \mathrm{kN/m^3}$,算例中假设 $\gamma_{\mathrm{sat}} = 2\gamma_{\mathrm{w}}$,$\gamma = 1.8\gamma_{\mathrm{w}}$,代入(5.54)有

$$f(h_{\mathrm{w}}, h_{\mathrm{s}}) = \frac{\tau_{\mathrm{eq}}}{\tau_{\mathrm{d}}} = k\,\frac{\gamma h_{\mathrm{w}} + \gamma_{\mathrm{sat}}(h_{\mathrm{s}} - h_{\mathrm{w}})}{\gamma h_{\mathrm{w}} + \gamma'(h_{\mathrm{s}} - h_{\mathrm{w}})} = k\,\frac{2h_{\mathrm{s}} - 0.2h_{\mathrm{w}}}{h_{\mathrm{s}} + 0.8h_{\mathrm{w}}} \tag{5.55}$$

k 为常数,砂土层埋深一定时,地下水位引起液化势的变化率为

$$\delta(\Delta h_{\mathrm{w}}, h_{\mathrm{s}}) = \frac{\Delta f(\Delta h_{\mathrm{w}}, h_{\mathrm{s}})}{f(h_{\mathrm{w}}, h_{\mathrm{s}})} \tag{5.56}$$

式中,Δh_{w} 为地下水位变化量;h_{s} 为饱和砂土层埋深;$f(h_{\mathrm{w}}, h_{\mathrm{s}})$ 为指定饱和液化土层和地下水位的液化势。Δh_{w} 引起液化势的变化量为

$$\Delta f(\Delta h_{\mathrm{w}}, h_{\mathrm{s}}) = f(h_{\mathrm{w}}, h_{\mathrm{s}}) - f(h_{\mathrm{w}} - \Delta h_{\mathrm{w}}, h_{\mathrm{s}}) \tag{5.57}$$

将式(5.55)代入式(5.56),地下水位引起液化势的变化率可写为

$$\begin{aligned}
\delta(\Delta h_{\mathrm{w}}, h_{\mathrm{s}}) &= \frac{\Delta f(\Delta h_{\mathrm{w}}, h_{\mathrm{s}})}{f(h_{\mathrm{w}}, h_{\mathrm{s}})} \\
&= \frac{f(h_{\mathrm{w}}, h_{\mathrm{s}}) - f(h_{\mathrm{w}} - \Delta h_{\mathrm{w}}, h_{\mathrm{s}})}{f(h_{\mathrm{w}}, h_{\mathrm{s}})} \\
&= \frac{k\,\dfrac{2h_{\mathrm{s}} - 0.2h_{\mathrm{w}}}{h_{\mathrm{s}} + 0.8h_{\mathrm{w}}} - k\,\dfrac{2h_{\mathrm{s}} - 0.2(h_{\mathrm{w}} - \Delta h_{\mathrm{w}})}{h_{\mathrm{s}} + 0.8(h_{\mathrm{w}} - \Delta h_{\mathrm{w}})}}{k\,\dfrac{2h_{\mathrm{s}} - 0.2h_{\mathrm{w}}}{h_{\mathrm{s}} + 0.8h_{\mathrm{w}}}} \\
&= 1 - \frac{2h_{\mathrm{s}} - 0.2(h_{\mathrm{w}} - \Delta h_{\mathrm{w}})}{h_{\mathrm{s}} + 0.8(h_{\mathrm{w}} - \Delta h_{\mathrm{w}})} \cdot \frac{h_{\mathrm{s}} + 0.8h_{\mathrm{w}}}{2h_{\mathrm{s}} - 0.2h_{\mathrm{w}}}
\end{aligned} \tag{5.58}$$

由式(5.55)可进行地下水位引起液化势的变化率的计算。

图 5.14 ~ 5.16 分别表示了饱和砂土层 3 个埋深下,地下水位不断上升引起液化势的变化率,分别为饱和砂土层埋深 8 m,地下水位由 6 m 上升到地表;饱和砂土层埋深 6 m,地下水位由 6 m 上升到地表;饱和砂土层埋深 4 m,地下水位由 4 m 上升到地表。

通过图 5.14 ~ 5.16 的计算结果可以看出,饱和砂层埋深一定时,随着地下水位的上

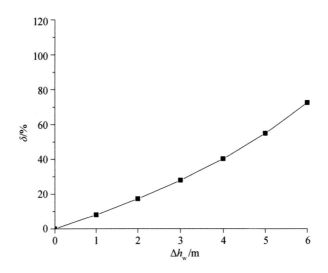

图 5.14　地下水位对液化势变化率的影响($h_w = 6$ m,$h_s = 8$ m)

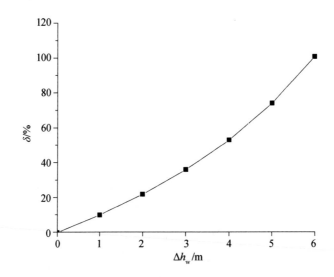

图 5.15　地下水位对液化势变化率的影响($h_w = 6$ m,$h_s = 6$ m)

升液化势不断增大,液化可能性不断增强。

　　为比较地下水位从 4 m 开始上升且变化量相同的情况下,不同饱和砂土层埋深对液化势的影响,假定饱和砂土层分别是 4 m、6 m 和 8 m 的情况下,计算地下水位从 4 m 上升到地表过程中液化可能性变化率,结果绘于图 5.17。

　　从图中可以看出,饱和砂土层埋深越浅,地下水位上升对液化势影响越大。

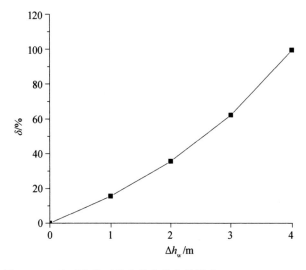

图 5.16　　地下水位对液化势变化率的影响($h_w = 4$ m, $h_s = 4$ m)

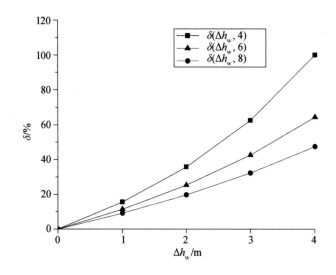

图 5.17　　不同饱和砂土埋深对液化势变化率的影响

5.5.3　　砂层埋深与液化势关系的理论解答

与图 5.12 同样的均质土层场地。应力折减系数按下列公式计算,即

$$\gamma_d = 1.0 - 0.007\,65z, \quad z \leqslant 9.15 \text{ m} \tag{5.59}$$

$$\gamma_d = 1.174 - 0.026\,7z, \quad 9.15 \text{ m} \leqslant z \leqslant 23 \text{ m} \tag{5.60}$$

式中,z 为饱和砂土层埋深。

设 $\dfrac{0.65\gamma_d \dfrac{a_{max}}{g}}{C_\gamma \dfrac{D_r}{50}\left[\dfrac{\sigma_{a,d}}{2\sigma_3}\right]_{50}}$ 为 k_1,将 $\dfrac{\tau_{eq}}{\tau_d}$ 化简为

$$\frac{\tau_{eq}}{\tau_d} = k_1 \frac{\sigma_\gamma}{\sigma'_\gamma} = k_1 \frac{\displaystyle\sum_{i=1}^n \gamma_i h_i}{\displaystyle\sum_{i=1}^n \gamma'_i h_i} = k_1 \frac{\gamma h_w + \gamma_{sat}(h_s - h_w)}{\gamma h_w + \gamma'(h_s - h_w)} \tag{5.61}$$

k_1 为常数,地下水位一定时,定义液化势为 $f(h_s)$,其中 $f(h_s)$ 为砂层埋深的函数,其表达为

$$f(h_s) = \frac{\tau_{eq}}{\tau_d} = k_1 \frac{\gamma h_w + \gamma_{sat}(h_s - h_w)}{\gamma h_w + \gamma'(h_s - h_w)} = k_1 \frac{(\gamma - \gamma_{sat})h_w + \gamma_{sat} h_s}{(\gamma - \gamma')h_w + \gamma' h_s} \tag{5.62}$$

式(5.63)中,对砂土层埋深求导,则有

$$\begin{aligned}
f'(h_s) &= k_1 \left[\frac{(\gamma - \gamma_{sat})h_w + \gamma_{sat} h_s}{(\gamma - \gamma')h_w + \gamma' h_s} \right]' \\
&= k_1 \frac{\gamma_{sat}\left[(\gamma - \gamma')h_w + \gamma' h_s\right] - \gamma'\left[(\gamma - \gamma_{sat})h_w + \gamma_{sat} h_s\right]}{\left[(\gamma - \gamma')h_w + \gamma' h_s\right]^2} \\
&= k_1 \frac{\gamma_{sat}\gamma h_w - \gamma\gamma' h_w}{\left[(\gamma - \gamma')h_w + \gamma' h_s\right]^2} = k_1 \frac{(\gamma_{sat} - \gamma')\gamma h_w}{\left[(\gamma - \gamma')h_w + \gamma' h_s\right]^2}
\end{aligned} \tag{5.63}$$

因为 $\gamma_{sat} - \gamma' > 0$,则由式(5.64),有 $f'(h_s) > 0$,即 $f(h_s)$ 是单调递增函数。也就是说,k_1 为常数,地下水位一定时,饱和砂层埋深变大,则液化势变大。由此结论,可推知所有液化判别公式中,表示饱和砂层埋深 d_s 前面的影响系数应该为正值。

同样,k_1 为常数时,地下水位不变,定义饱和砂层埋深引起液化势的变化率为

$$\delta(h_w, \Delta h_s) = \frac{\Delta f(h_w, \Delta h_s)}{f(h_w, h_s)} \tag{5.64}$$

式中,h_w 为地下水位深度;Δh_s 为饱和砂层埋深变化量。Δh_s 引起液化势的变化量为

$$\Delta f(h_w, \Delta h_s) = f(h_w, h_s + \Delta h_s) - f(h_w, h_s) \tag{5.65}$$

将式(5.65)代入式(5.54),饱和砂层埋深引起液化势的变化率可写为

$$\begin{aligned}
\delta(h_w, \Delta h_s) &= \frac{\Delta f(h_w, \Delta h_s)}{f(h_w, h_s)} \\
&= \frac{f(h_w, h_s + \Delta h_s) - f(h_w, h_s)}{f(h_w, h_s)} \\
&= \frac{k \dfrac{2(h_s + \Delta h_s) - 0.2 h_w}{(h_s + \Delta h_s) + 0.8 h_w} - k \dfrac{2h_s - 0.2 h_w}{h_s + 0.8 h_w}}{k \dfrac{2h_s - 0.2 h_w}{h_s + 0.8 h_w}} \\
&= \frac{2(h_s + \Delta h_s) - 0.2 h_w}{(h_s + \Delta h_s) + 0.8 h_w} \cdot \frac{h_s + 0.8 h_w}{2h_s - 0.2 h_w} - 1
\end{aligned} \tag{5.66}$$

由式(5.67),可进行饱和砂层埋深对液化势变化率影响的计算。

通过图 5.18～5.20 的计算结果可以看出,地下水位一定,随着饱和土层埋深的增加,液化可能性不断增强,液化势不断增大。

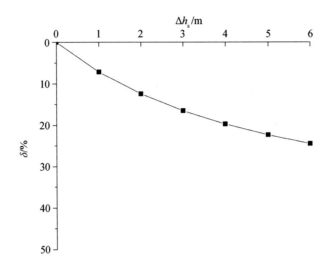

图 5.18　饱和砂土埋深对液化势变化率的影响($h_w = 2$ m, $h_s = 4$ m)

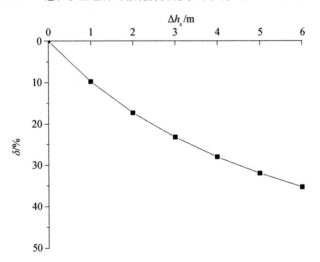

图 5.19　饱和砂土埋深对液化势变化率的影响($h_w = 3$ m, $h_s = 4$ m)

　　为了比较不同地下水位,饱和砂土层从 4 m 开始变化量相同的情况下对液化势的影响,假定地下水位分别是 2 m、3 m 和 4 m,计算饱和土层埋深增加过程中液化可能性变化率,结果绘于图 5.21。

　　图 5.21 表明,地下水位越深,饱和砂层埋深增加对液化势影响越大。

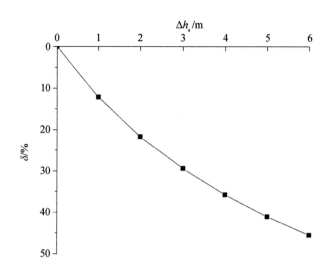

图 5.20　　饱和砂土埋深对液化势变化率的影响($h_w = 4$ m, $h_s = 4$ m)

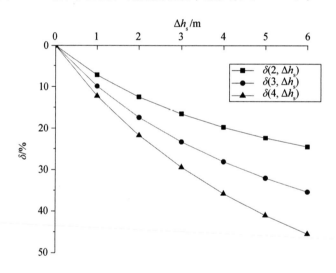

图 5.21　　不同地下水位对液化势变化率的影响对比

5.5.4　我国规范 CPT 液化判别公式的讨论

以上结果表明,除了我国规范(《岩规 2001》)CPT 液化临界曲线外,所有的国内外液化判别临界曲线,形式上定性相同,液化判别临界曲线均随埋深的增加而变大。我国规范中 SPT 和 Vs 液化判别方法中的公式地下水位前面的系数均为正值,液化层埋深前面的系数则为负值,也与本书上面推导得出的结论相符。只有我国规范 CPT 临界曲线随埋深而减小,与国内外液化判别临界曲线定性相反,也与本书上面推导得出的结论恰好相反。

再次分析我国规范中 CPT 液化判别方法,其公式为

$$q_{ccr} = q_{co}\alpha_w\alpha_u\alpha_p \tag{5.67}$$

$$\alpha_w = 1 - 0.065(d_w - 2) \tag{5.68}$$

$$\alpha_u = 1 - 0.05(d_u - 2) \tag{5.69}$$

锥尖阻力基准值 q_{co} 见表 5.17。

表 5.17　锥尖阻力基准值 q_{co}

抗震设防烈度	Ⅶ	Ⅷ	Ⅸ
q_{co}/MPa	$4.6 \sim 5.5$	$10.5 \sim 11.8$	$16.4 \sim 18.2$

公式中，地下水位 d_w 前面的系数是 -0.065，根据前面理论分析结果，定性上正确，而公式中液化层埋深 d_u 前面的系数为 -0.05，则根据前面理论分析结果，定性错误。

有的学者认为，是否在形成规范时，埋深前面的系数符号出现了笔误，液化层埋深 d_u 影响系数本应该是 0.05。按这种假设，《岩规 2001》液化判别公式变为

$$q_{ccr} = q_{co} \alpha_w \alpha_u \alpha_p \tag{5.70}$$

$$\alpha_w = 1 - 0.065(d_w - 2) \tag{5.71}$$

$$\alpha_u = 1 + 0.05(d_u - 2) \tag{5.72}$$

为回答此问题，将埋深前面系数由 -0.05 改为 0.05 后的各烈度液化临界曲线绘于图 5.22，图中地下水位为 1 m。

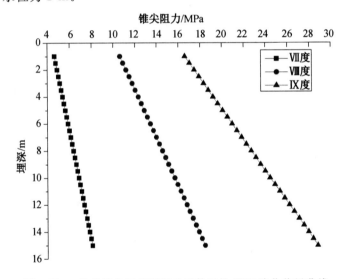

图 5.22　改变液化层埋深影响系数后的 CPT 液化临界曲线

由图中可见，液化临界曲线从形式上改变埋深影响系数符号后，定性上 CPT 液化临界曲线随深度变化在形式上是正确的，将系数改变符号的我国规范 CPT 液化临界曲线与新疆 CPT 液化临界曲线进行对比示于图 5.23。

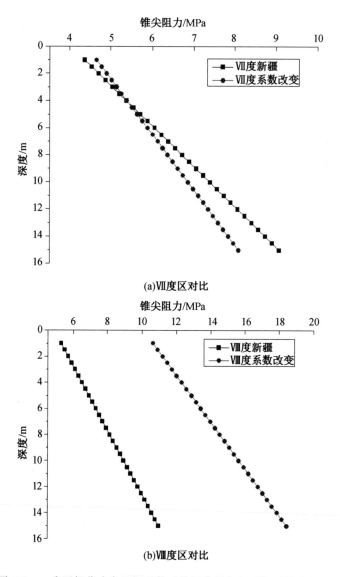

(a)Ⅶ度区对比

(b)Ⅷ度区对比

图 5.23 我国规范改变埋深系数后临界曲线与新疆临界曲线的对比

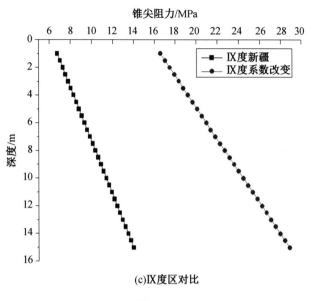

(c)Ⅸ度区对比

续图 5.23

　　由图 5.23 可见,Ⅶ 度区新疆液化临界曲线与规范液化临界曲线接近,而 Ⅷ 度区、Ⅸ 度区二者差别显著。进一步,国内外 CPT 液化判别方法对比示于图 5.24,设定地下水位为 2 m。

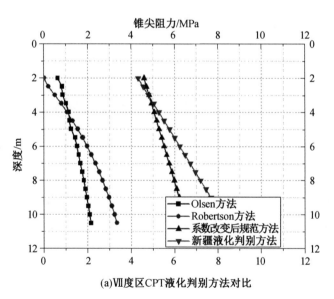

(a)Ⅶ度区CPT液化判别方法对比

图 5.24　国内外 CPT 液化判别方法对比

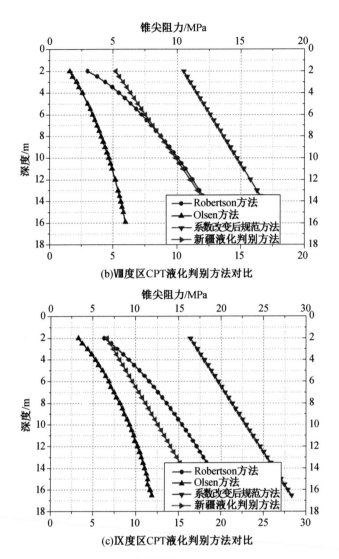

(b)Ⅷ度区CPT液化判别方法对比

(c)Ⅸ度区CPT液化判别方法对比

续图 5.24

从图 5.24 中可以看出,改变系数后在 Ⅷ 度区我国规范液化临界曲线远大于其他液化判别临界曲线,Ⅸ 度区则达到难以接受的程度。

根据《静力触探技术规则》(TBJ 37—93),单桥和双桥的贯入阻力可按照如下公式换算,即

$$p_s = 1.1 q_c \qquad (5.73)$$

根据式(5.73),可将石英质砂土的相对密度(D_r)与单桥贯入阻力的关系,转化成砂土的相对密度(D_r)与双桥贯入阻力的关系,按表 5.18 估计。

表 5.18 石英质砂土的相对密度(D_r)

分级		p_s/MPa	q_c/MPa	D_r
密实		$p_s \geqslant 14$	$q_c \geqslant 12.7$	$D_r \geqslant 0.67$
中密		$14 > p_s > 4$	$12.7 > q_c > 3.6$	$0.67 > D_r > 0.33$
松散	稍松	$4 \geqslant p_s \geqslant 2$	$3.6 \geqslant q_c \geqslant 1.8$	$0.33 \geqslant D_r \geqslant 0.2$
	极松	$p_s < 2$	$q_c < 1.8$	$D_r < 0.2$

以地下水位为 1 m 为例,埋深 d_u 影响系数改变为 0.05 后我国规范方法中 Ⅷ 度和 Ⅸ 度下 2 m 处液化临界值分别为 10.5 MPa 和 16.4 MPa,而且随着饱和砂层深度的增加液化势不断增大,到 6 m 时分别增到 12.7 MPa 和 19.7 MPa,到 10 m 时分别增到 14.7 MPa 和 23 MPa。对照表 5.18,Ⅸ 度区大部分密实砂土判成液化,Ⅷ 度区 6 m 以下的大部分密实砂土会判成液化,这既不符合实际情况,也不符合现有认识。

从工程实际和理论认识来看,埋深 d_u 影响系数改变后,液化临界曲线已经不适用于液化判别。所以,认为"形成规范时埋深 d_u 影响系数符号出现了笔误"的观点是不成立的。

另外需要指出的是,如果从以往理论上饱和砂层埋深对液化势影响规律对比来研究,我国规范中 CPT 液化判别公式就不会出现此类错误,这也同时说明理论研究的重要作用。

需要特别指出的是,如果单凭直观推断,容易获得地下水位变化对液化势影响,但难以得到饱和砂层埋深变化对液化势的影响。因为地下水位变浅,埋深一定的砂层上饱和土体变厚,饱和砂土体承受水平地震剪应力(τ_{eq})变大,同时有效应力会减小,饱和砂层抗液化能力(τ_d)将降低,则埋深一定、处于两个不同水位下的饱和砂层液化势情况可直观做出判断。

与之相比,饱和砂层埋深变化对液化势的影响方式不经过推导就难以获得。因为,地下水位不变时,饱和砂层埋深变深,饱和土体总应力将增大,饱和砂土体承受水平地震剪应力(τ_{eq})变大,而同时有效应力增加,饱和砂层抗液化能力(τ_d)增强,则地下水位一定、两个埋深不同饱和砂层液化势的大小仅凭直观难以做出判断,这也是采用经验法在数据量不足的情况下给出的液化判别公式中饱和砂层埋深 d_u 影响系数出现错误的原因。实际上,本书理论推导结果的本质,体现在饱和砂层埋深变深情况下,水平地震剪应力(τ_{eq})变大的速率大于饱和砂土层抗液化能力(τ_d)增大的速率,从而地下水位一定、密实程度相同而埋深不同的两个饱和砂层相比,深埋砂层的液化势大于浅埋的液化势,即深埋砂层更容易液化。而由此得到的饱和砂层埋深和地下水位影响系数的正负符号的结果,可以作为液化判别公式是否正确的一个判据。

据以上分析,我国规范中 CPT 液化判别公式定性上是错误的,同时也不是笔误造成的错误,根源之一是以往从理论上缺乏饱和砂层埋深对液化势影响的基本认识。另外,我国基于 SPT 的液化判别方法采用的数据量较大,数据和公式形成过程均公开发表,与此相比,我国 CPT 液化判别方法推导未见公开发表,具体数据和公式形成过程不详,无法对规范形成过程进行具体分析,只能从结果上加以评判。

5.6   本 章 小 结

本章检验国内外 SPT 和 CPT 液化判别方法对巴楚地区的适用性,特别是我国现有国家规范中 SPT 和 CPT 液化判别方法的适用性,对所得到的结果进行了分析,将新疆液化判别临界曲线与我国规范(《岩规 2001》)液化判别临界曲线进行了全面对比,并分析了目前国际上不同原位测试方法的液化临界曲线形式,确认了我国规范 CPT 液化临界曲线出现异常的问题。采用理论分析方法,推导出了饱和砂土层埋深和地下水位与液化势关系的理论解答,最后通过对比并结合土力学一般规律,证明了我国规范 CPT 液化临界曲线形式上是错误的,并非笔误问题。本章结论如下。

(1)简要介绍了国内外基于 SPT 和 CPT 的液化判别方法,阐述了国家标准《建筑抗震设计规范》和《岩土工程勘察规范》中液化判别方法的发展过程。CPT 液化判别方法中,为方便分析,推导出了 Robertson 方法和 Olsen 方法随深度变化的临界曲线公式。

(2)将国内外 4 种方法应用于巴楚地震液化判别,给出了 47 个 SPT 勘察点和 39 个 CPT 勘察点的判别结果,同时给出了典型误判点的分析。国内外典型 SPT 和 CPT 液化判别方法对巴楚地区的适用性检测结果表明,除我国规范 CPT 液化判别方法外,其余方法判别成功率不高,且均给出了偏于危险的结果,显然不适于新疆,提出适于本地区的液化判别方法势在必行。

(3)我国工程地质条件复杂,土性多变且具有区域特征,现有规范液化判别方法对我国各地区的适用性是一个值得研究的问题,建立适合局部地区的方法应是发展趋势。

(4)实例分析表明,所有的国内外液化判别临界曲线,无论是本章新疆实测数据得到的 SPT 和 CPT 液化临界曲线,还是我国规范 SPT 液化临界曲线,以及 Vs 和 CPT 液化临界曲线,形式上定性相同,均随埋深增加而变大,只有我国规范 CPT 液化临界曲线出现异常,随埋深增加而减小。

(5)推导出的地下水位与液化势关系理论解表明,同一埋深的饱和砂层,随地下水位变深,饱和砂土层液化势减小,表明液化判别公式中地下水位与液化临界值成递减函数。推导出的饱和砂层埋深与液化势关系理论解表明,同一地下水位的饱和砂层,随砂层埋深增大,饱和砂土层液化势增大,表明液化判别公式中饱和砂层与液化临界值成递增函数。由推导出的地下水位和饱和砂层埋深与液化势关系理论解的计算结果表明,饱和砂土层埋深越浅,地下水位上升对液化势影响越大;地下水位越深,饱和砂层埋深增加对液化势影响越大。

(6)本章理论分析中最重要的一个结果,体现在饱和砂层埋深变深情况下,水平地震剪应力(τ_{eq})变大的速率大于饱和砂土层抗液化能力(τ_d)增大的速率,从而地下水位一定、密实程度相同而埋深不同的两个饱和砂层相比,深埋砂层的液化势大于浅埋砂层的液化势,深埋砂层更容易液化。得到的饱和砂层埋深和地下水位影响系数符号的一般性规律,可以作为现有所有液化判别公式是否正确的一个判据。单凭直观推断,容易获得地下水位变化对液化势影响方式,但难以得到饱和砂层埋深变化对液化势的影响方式,这也是采用经验法在数据量不足的情况下判别公式中饱和砂层埋深前面的系数易出现错误的原因。

（7）根据新疆巴楚液化场地实测结果、理论分析和国内外已有液化判别公式的对比以及相关土力学知识,可以得出结论:我国规范中 CPT 液化判别公式定性上是错误的,同时不是笔误造成的,主要根源是我国规范 CPT 液化判别方法形成时缺乏饱和砂层埋深对液化势影响基本规律的认识。

第6章　砂土液化判别方法形成及检验

6.1　引　言

通过对新疆巴楚地震液化场地实测结果的检验,讨论我国规范(《岩规2001》)中SPT液化判别方法对巴楚地区的适用性问题,结果表明非液化场地判别成功率为85%,但对液化场地判别成功率仅有43%,将给出明显偏于危险的结果。表明现有规范基于标准贯入击数的砂土液化判别公式不适用于新疆,需要发展适于本地区的液化预测和判别方法。

以2009年9月新疆巴楚—伽师地区液化震害调查和标准贯入现场测试为基础(40个现场勘察场地,7个非液化场地数据由新疆地震局提供),研究针对该地区的SPT液化判别方法和计算公式。将该地区砂土液化判别分为初判和复判两个部分,初判排除不可能液化及不考虑液化影响的情况,复判模型由地震烈度、实测标准贯入击数、标准贯入击数基准值、地下水位、砂土埋深5个参数构成,其中标准贯入击数基准值以及地下水位和砂土埋深的影响系数的确定分别采用归一化方法和本章提出的优化方法。以静力触探现场测试为基础(39个场地),研究针对该地区CPT液化判别方法和计算公式。将该地区砂土液化判别分为初判和复判两个部分,初判排除不可能液化及不考虑液化影响的情况,复判模型由地震烈度、实测锥尖阻力、锥尖阻力基准值、地下水位、砂土埋深5个参数构成,其中锥尖阻力基准值以及地下水位和砂土埋深的影响系数分别采用归一化方法和优化方法导出。

通过对新疆巴楚地震液化场地实测结果的检验,讨论我国规范中CPT液化判别方法和现有国外其他方法对巴楚地区的适用性问题,结果表明我国规范液化判别方法存在着定性的错误,而国外的Robertson液化判别方法和Olsen液化判别方法对液化场地判别成功率分别为59%和32%,都会给出明显偏于危险的结果。表明现有规范基于CPT的砂土液化判别公式不适用于新疆,需要发展适于本地区的CPT液化预测和判别方法。对我国规范CPT液化判别方法定性错误和规范判别巴楚地震液化场地高成功率的现象进行研究,按不同烈度分区对比方式给予分析和解答。

6.2　液化特征深度和原位测试基准值

6.2.1　液化特征深度和 SPT 基准值

1.液化特征深度

《建规 2001》中规定了饱和砂土液化初判条件,当符合初判条件时场地判断为非液化场地或不考虑液化影响。

(1)地质年代是第四纪晚更新世(Q3)及其以前时,Ⅶ 度区、Ⅷ 度区场地可判为非液化场地。

(2)天然地基建筑物,上覆非液化土层深度和地下水位深度符合下列条件之一时,可不考虑液化影响,即

$$d_u > d_0 + d_b - 2 \tag{6.1}$$

$$d_w > d_0 + d_b - 3 \tag{6.2}$$

$$d_w + d_w > 1.5d_0 + 2d_b - 4.5 \tag{6.3}$$

式中,d_u 为上覆非液化土层深度(m);d_w 为地下水位深度(m);d_0 为液化土特征深度(m);d_b 为基础埋置深度(m)。液化土层特征深度根据现场调查列于表 6.1。

表 6.1　液化土层特征深度

饱和土体	Ⅶ 度 /m	Ⅷ 度 /m	Ⅸ 度 /m
砂土	Ⅶ	Ⅷ	Ⅸ

现场勘察的巴楚地震液化场地液化土层深度、非液化场地非液化土层深度与地下水位特征深度列于表 6.2、表 6.3,将巴楚地震液化场地地下水位深度和上覆非液化土层深度绘于图 6.1。若饱和砂土层上覆液化土层深度和地下水位深度大于表 6.4 的数值时,可以判断为非液化场地或不考虑液化影响。

表 6.2　SPT 液化场地土层特征深度

序号	钻孔	烈度	d_w/m	d_s/m
1	SY06	Ⅸ	2.9	4
2	SY07	Ⅸ	2.8	3.5
3	SY09	Ⅸ	1.8	2.7
4	SY12	Ⅸ	2.8	5.4
5	SY14	Ⅸ	1.9	4.5
6	ZK30	Ⅸ	2.6	3.7
7	SY01	Ⅷ	2.9	3.9
8	SY08	Ⅷ	0.95	2.4
9	SY11	Ⅷ	2.9	5.7

续表6.2

序号	钻孔	烈度	d_w/m	d_s/m
10	SY16	Ⅷ	2.9	4.45
11	SY17	Ⅷ	0.4	2.5
12	SY18	Ⅷ	3.4	6.15
13	SY21	Ⅷ	2.9	4.1
14	SY25	Ⅷ	2.7	4.35
15	SY05	Ⅶ	3.7	11.2
16	SY19	Ⅶ	2.1	2.55
17	SY23	Ⅶ	2.3	5.5
18	SY24	Ⅶ	2.8	5.1
19	SY26	Ⅶ	1.5	2
20	SY27	Ⅶ	1	5.25
21	SY29	Ⅶ	1.5	2.35

表 6.3　SPT 非液化场地土层特征深度

序号	钻孔	烈度	d_w/m	d_s/m
1	E02	Ⅸ	3.8	7.5
2	E04	Ⅸ	3.1	3.75
3	E05	Ⅸ	2.4	6.5
4	ZK33	Ⅸ	2.4	10.9
5	ZK38	Ⅸ	2.5	6.05
6	ZK39	Ⅸ	2.65	4.5
7	E03	Ⅷ	2.3	6.6
8	E06	Ⅷ	3.8	13.25
9	E09	Ⅷ	2.9	7.65
10	E10	Ⅷ	2.2	9.1
11	E11	Ⅷ	1.2	6.8
12	ZK13	Ⅷ	3.5	7.2
13	ZK24	Ⅷ	2.9	5.5
14	ZK25	Ⅷ	1.7	6.7
15	ZK36	Ⅷ	3.6	17.15
16	ZK14	Ⅷ	3	9.6
17	ZK15	Ⅷ	2.3	9.45
18	ZK16	Ⅷ	1.6	12.5

续表6.3

序号	钻孔	烈度	d_w/m	d_s/m
19	ZK17	Ⅷ	2.7	12.5
20	ZK26	Ⅷ	3.5	13
21	ZK41	Ⅷ	2.5	11.5
22	E07	Ⅶ	2.8	8.1
23	E08	Ⅶ	4.2	4.75
24	E12	Ⅶ	2.6	5.15
25	E13	Ⅶ	2.7	6.8
26	ZK20	Ⅶ	3.5	12

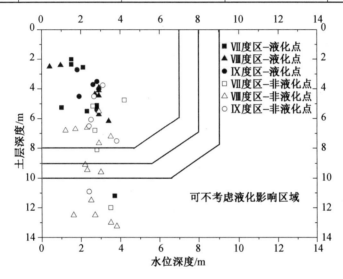

图 6.1　SPT 液化土特征深度

表 6.4　水位特征深度和土层特征深度

烈度	Ⅶ/m	Ⅷ/m	Ⅸ/m
水位特征深度	7	8	9
土层特征深度	8	9	10

2.SPT 基准值

我国现有抗震规范在确定砂土标准贯入基准值时,所用的液化资料中地下水位变化都不大(2 m 左右),砂层埋深也基本上在同一深度(3 m 左右),因此可直接建立标准贯入击数与烈度的关系,直观地给出液化与非液化分界线,从而很容易地得到砂土标准贯入基准值。

从表 6.2 和表 6.3 中数据可知,新疆巴楚地震液化砂层埋深及地下水位变化都较大,不方便直接建立标准贯入击数与烈度之间的关系。为此,借鉴 Seed 和 Idriss1982 年提出的修正方法,本章将实测标准贯入击数修正至地下水位为 2 m、砂土层埋深为 3 m 的同一水平下的标准贯入击数(表 6.5、表 6.6),其归一化的修正公式为

$$N_{0-63.5} = N_{63.5}[2.2/(1.2 + \sigma'_{vo}/p_a)] \tag{6.4}$$

式中,$N_{0-63.5}$ 为修正标准贯入击数;$N_{63.5}$ 为实测标准贯入击数。

根据式(6.4)建立的修正标准贯入击数与烈度关系如图 6.2 所示,进一步得到的液化场地与非液化场地的临界线,即相应的标准贯入击数基准值见表 6.7。同时,图 6.2 中不同烈度巴楚地震标准贯入基准值和规范标准贯入基准值也有明显的差异。

表 6.5 液化场地液化土层 SPT 修正值

序号	钻孔	烈度	$N_{63.5}$	$N_{0-63.5}$
1	SY06	IX	16	13.6
2	SY07	IX	13	11.6
3	SY09	IX	10	10.5
4	SY12	IX	22	17.2
5	SY14	IX	18	16.0
6	ZK30	IX	14	12.5
7	SY01	VIII	10	8.6
8	SY08	VIII	8	9.8
9	SY11	VIII	20	15.3
10	SY16	VIII	19	15.7
11	SY17	VIII	12	16.0
12	SY18	VIII	18	13.1
13	SY21	VIII	7	5.9
14	SY25	VIII	7	5.9
15	SY05	VII	21	12.3
16	SY19	VII	11	11.4
17	SY23	VII	15	12.1
18	SY24	VII	11	8.8
19	SY26	VII	6	7.2
20	SY27	VII	16	14.5
21	SY29	VII	10	11.4

表 6.6 非液化场地非液化土层 SPT 修正值

序号	钻孔	烈度	$N_{63.5}$	$N_{0-63.5}$
1	E02	IX	33	22.0
2	E04	IX	26	22.2
3	E05	IX	20	15.0

续表6.6

序号	钻孔	烈度	$N_{63.5}$	$N_{0-63.5}$
4	ZK33	IX	37	23.0
5	ZK38	IX	23	17.7
6	ZK39	IX	22	18.4
7	E03	VIII	16	12.1
8	E06	VIII	41	22.4
9	E09	VIII	28	19.4
10	E10	VIII	31	20.8
11	E11	VIII	42	33.7
12	ZK13	VIII	20	13.7
13	ZK24	VIII	20	15.5
14	ZK25	VIII	23	17.9
15	ZK36	VIII	28	13.9
16	E07	VII	30	20.5
17	E08	VII	15	11.2
18	E12	VII	32	25.8
19	E13	VII	35	25.5
20	ZK14	VIII	45	28.6
21	ZK15	VIII	31	20.4
22	ZK16	VIII	33	20.0
23	ZK17	VIII	33	19.2
24	ZK20	VII	50	28.7
25	ZK26	VIII	18	10.0
26	ZK41	VIII	23	13.9

表 6.7　巴楚地震标准贯入击数基准值

烈度	VII／击	VIII／击	IX／击
$N_{0-63.5}$	13	15	19
我国规范基准值	6	10	16

由表 6.7 可见巴楚地震液化判别标准贯入基准值明显大于我国规范标准贯入基准值,即与唐山市地区相比,巴楚地区砂土抗液化能力偏低。

我们从现场勘察及以往工程实践看,巴楚地区土层标准贯入击数普遍偏大,土层偏"硬",巴楚地区地下水位深度均值为 2.3 m,大于唐山地震液化场地的地下水位均值 1.5 m。巴楚地区液化土层深度与唐山地震情况相近,较海城地震要浅,较通海地震要深。巴楚地震液化土层标准贯入击数均值为 14 击左右,明显大于唐山市地区液化场地 8

击的均值,可以初步解释巴楚地震场地抗砂土抗液化能力低的原因。

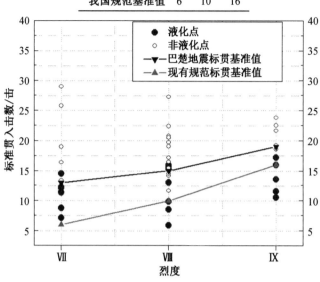

图 6.2　修正标准贯入击数与烈度关系

6.2.2　土层特征深度和 CPT 基准值

1.液化特征深度

　　根据现场勘察的巴楚地震液化场地液化土层深度、非液化场地非液化土层深度与地下水位特征深度列于表 6.8、表 6.9,将巴楚地震液化场地地下水位深度和上覆非液化土层深度绘于图 6.3。若饱和砂土层上覆液化土层深度和地下水位深度大于表 6.10 的数值时,可以判断为非液化场地或不考虑液化影响。

表 6.8　CPT 液化场地土层特征深度

序号	钻孔	烈度	d_w/m	d_s/m
1	SY06	IX	2.9	4
2	SY07	IX	2.8	3.5
3	SY09	IX	1.8	2.7
4	SY12	IX	2.8	5.4
5	SY14	IX	1.9	4.5
6	ZK30	IX	2.6	3.7
7	SY01	VIII	2.9	3.9
8	SY04	VIII	0.4	3.95
9	SY08	VIII	0.95	2.4
10	SY11	VIII	2.9	5.7

续表6.8

序号	钻孔	烈度	d_w/m	d_s/m
11	SY16	Ⅷ	2.9	4.45
12	SY17	Ⅷ	0.4	2.5
13	SY18	Ⅷ	3.4	6.15
14	SY21	Ⅷ	2.9	4.1
15	SY25	Ⅷ	2.7	4.35
16	SY05	Ⅶ	3.7	11.2
17	SY19	Ⅶ	2.1	2.55
18	SY23	Ⅶ	2.3	5.5
19	SY24	Ⅶ	2.8	5.1
20	SY26	Ⅶ	1.5	2
21	SY27	Ⅶ	1	5.25
22	SY29	Ⅶ	1.5	2.35

表 6.9　CPT 非液化场地土层特征深度

序号	钻孔	烈度	d_w/m	d_s/m
1	E02	Ⅸ	3.8	7.5
2	E04	Ⅸ	3.1	3.75
3	E05	Ⅸ	2.4	6.5
4	ZK33	Ⅸ	2.4	10.9
5	ZK38	Ⅸ	2.5	6.05
6	ZK39	Ⅸ	2.65	4.5
7	E03	Ⅷ	2.3	6.6
8	E06	Ⅷ	3.8	13.25
9	E09	Ⅷ	2.9	7.65
10	E10	Ⅷ	2.2	9.1
11	E11	Ⅷ	1.2	6.8
12	ZK13	Ⅷ	3.5	7.2
13	ZK24	Ⅷ	2.9	5.5
14	ZK25	Ⅷ	1.7	6.7
15	E07	Ⅶ	2.8	8.1
16	E08	Ⅶ	4.2	4.75
17	E12	Ⅶ	2.6	5.15

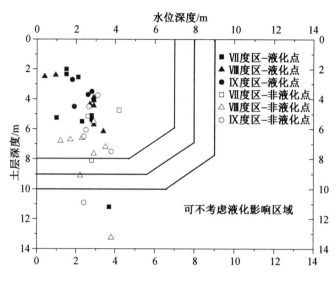

图 6.3　CPT 液化土层特征深度

表 6.10　水位特征深度和土层特征深度

烈度	Ⅶ/m	Ⅷ/m	Ⅸ/m
水位特征深度	7	8	9
土层特征深度	8	9	10

2.CPT 基准值

我国现有抗震规范在确定砂土标准贯入基准值时,所用的液化资料中地下水位变化都不大(2 m 左右),砂层埋深也基本上在同一深度(3 m 左右),因此可直接建立标准贯入击数与烈度之间的关系,直观地给出液化与非液化分界线,从而很容易得到砂土标准贯入基准值。

从表 6.1 和表 6.2 中数据可知,新疆巴楚地震液化砂层埋深及地下水位变化都较大,不方便直接建立静力触探实测值与烈度关系。为此,借鉴 Olsen1997 年提出的修正方法,本章将实测锥尖阻力值修正到地下水位为 2 m、砂土层埋深为 3 m 的同一水平下的锥尖阻力(表 6.11、表 6.12),其归一化的修正公式为

$$q_{0-c} = q_c \cdot (47/\sigma'_{vo})^n \tag{6.5}$$

式中,q_{0-c} 为修正锥尖阻力(MPa);q_c 为实测锥尖阻力(MPa);n 为土性影响指数。

根据公式(6.5)建立的修正锥尖阻力值与烈度关系如图 6.4 所示,进一步得到的液化场地与非液化场地临界线,即相应的锥尖阻力值见表 6.13。

由于《岩规 2001》中静力触探基准值是在地下水位为 2 m,上覆非液化土层深度为 2 m 的情况下给出的。为了建立与 SPT 液化判别公式相仿的公式,对《岩规 2001》中静力触探基准值进行修正。将其修正到地下水位为 2 m、砂土层埋深为 3 m。图 6.4 中不同烈度巴楚地震锥尖阻力基准值和规范锥尖阻力基准值有明显的差异,尤其以 Ⅷ 度区和 Ⅸ度区最为明显。

表 6.11　液化场地液化土层 CPT 修正值

序号	钻孔	烈度	q_c/MPa	q_{0-c}/MPa
1	SY06	IX	5.92	4.95
2	SY07	IX	3.06	2.69
3	SY09	IX	1.46	1.55
4	SY12	IX	2.68	2.05
5	SY14	IX	0.4	0.35
6	ZK30	IX	5.48	4.82
7	SY01	VIII	1.6	1.38
8	SY04	VIII	6.32	6.95
9	SY08	VIII	2.2	2.76
10	SY11	VIII	6.5	4.84
11	SY16	VIII	9.98	8.08
12	SY17	VIII	2.19	3.00
13	SY18	VIII	6.25	4.39
14	SY21	VIII	4.67	3.88
15	SY25	VIII	5.95	4.93
16	SY05	VII	2.48	1.37
17	SY19	VII	4.88	5.06
18	SY23	VII	4.94	3.89
19	SY24	VII	4.4	3.43
20	SY26	VII	1.52	1.85
21	SY27	VII	5.94	5.33
22	SY29	VII	1.94	2.24

表 6.12　非液化场地非液化土层 CPT 修正值

序号	钻孔	烈度	q_c/MPa	q_{0-c}/MPa
1	E02	IX	12.65	8.11
2	E04	IX	9.55	8.01
3	E05	IX	8.07	5.92
4	ZK33	IX	22.7	13.43
5	ZK38	IX	13.6	10.12
6	ZK39	IX	12.27	10.10
7	E03	VIII	15.03	11.04
8	E06	VIII	15.6	8.03

续表6.12

序号	钻孔	烈度	q_c/MPa	q_{0-c}/MPa
9	E09	Ⅷ	13.7	9.15
10	E10	Ⅷ	13.2	8.53
11	E11	Ⅷ	17.02	13.34
12	ZK13	Ⅷ	12.3	8.13
13	ZK24	Ⅷ	7.71	5.81
14	ZK25	Ⅷ	9.3	7.07
15	E07	Ⅶ	13.92	9.14
16	E08	Ⅶ	16.3	11.79
17	E12	Ⅶ	13.9	10.96

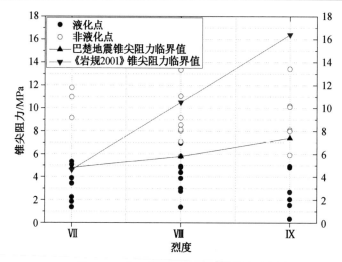

图 6.4　修正锥尖阻力值与烈度关系

表 6.13　巴楚地震锥尖阻力基准值与规范对比

烈度	Ⅶ	Ⅷ	Ⅸ
q_{0-c}/MPa	4.8	5.8	7.4
q_{c0}/MPa	4.6	10.5	16.4

　　由表 6.13 可见,巴楚地震液化场地锥尖阻力基准值和我国规范锥尖阻力基准值有明显的不同。其中,q_{c0}为我国规范锥尖阻力基准值。

6.3　原位测试判别方法基本模型

6.3.1　SPT 液化判别模型基本形式

我国砂土液化判别公式最早出现在《工业与民用建筑抗震规范》(TJ 11—74)(简称《74 规范》),使用下面砂土判别公式,即

$$N_{cr} = N_0[1 + a_w(d_w - 2) + a_s(d_s - 3)] \tag{6.6}$$

式中,N_{cr} 为临界标准贯入击数;N_0 为(地下水位 2 m,饱和砂土埋深 3 m)标准贯入击数基准值;d_s 为饱和砂层埋深;d_w 为地下水位深度;a_w 为地下水位影响系数(取值 -0.05);a_s 为饱和砂层埋深影响系数(取值 0.125)。

谢君斐根据 1962—1970 年 6 次地震(1962 年河源地震、1966 年邢台地震、1967 年河间地震、1969 年渤海地震、1969 年阳江地震和 1970 年通海地震)的砂土液化场地勘察资料,直观地确定了标准贯入临界曲线,其中包括 12 个引起地基破坏的砂土液化勘察场地,58 个地表喷水冒砂场地和未液化场地,《74 规范》标准贯入基准值原始数据见图 6.5。在数据整理中发现,液化场地地下水位平均在 2 m,饱和砂层大约在 3 m,这个特点体现在公式 (6.6) 中。根据现场数据,a_w 取 -0.05,a_s 取 0.125。

需要说明的是,70 个现场勘察数据中少数是标准贯入实测数据,很大一部分数据是北京市勘测处利用便携针钎测定的,根据经验换算关系,将针钎测定值(n)与标准贯入击数值(N)进行转换。

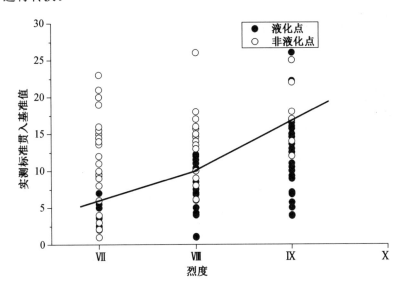

图 6.5　《74 规范》标准贯入基准值原始数据

《74 规范》试用后,我国又发生了海城地震和唐山地震,这两次地震出现了大规模砂土液化现象。为检验公式(6.6)的可靠性和砂土液化判别公式的修改提供了现场数据。后续《建筑抗震设计规范》(GBJ 11—89)、《建筑抗震设计规范》(GB 50011—2001)和《岩土工程勘察规范》(GB 50021—2001)中液化判别公式形式上都是采用式(6.6)的形式。

为与以往规范判别公式衔接,本章借鉴公式(6.6)的基本思路,采用标准贯入基数 $N_{63.5}$ 作为指标,对巴楚地震液化数据采用的基本模型取为

$$N_{cr-63.5} = N_{0-63.5}[1 + \alpha_w(d_w - 2) + \alpha_s(d_s - 3)] \tag{6.7}$$

式中,$N_{cr-63.5}$ 为针对巴楚地震的临界标准贯入基数;$N_{0-63.5}$ 为针对巴楚地震液化标准贯入击数基准值。若土层实测 $N_{63.5}$ 大于计算出临界值 $N_{cr-63.5}$,判为非液化,反之判为液化。

6.3.2　CPT 液化判别模型基本形式

为了与以往规范判别公式衔接,本章借鉴式(6.6)的基本思路,采用锥尖阻力基准值作为指标,对巴楚地震液化数据采用的基本模型取为

$$q_{cr} = q_{0-c}[1 + \alpha_w(d_w - 2) + \alpha_s(d_s - 3)] \tag{6.8}$$

式中,q_{cr} 为针对巴楚地震的临界锥尖阻力值;q_{0-c} 为针对巴楚地震的基准值。若土层实测锥尖阻力值 q_c 大于计算出的锥尖阻力临界值 q_{cr},则判为非液化,反之判为液化。

6.4　土层深度和地下水位影响系数的确定

6.4.1　标准贯入测试方法

与以往相比,此次地震液化场地测得土层深度和地下水位均有较大变化,所以直接推导出的地下水位影响系数和土层深度影响系数存在不确定性,为此本章采用优化方法进行最优值求解。

土层深度和地下水位影响系数 α_s 和 α_w 在不同取值下对非液化场地和液化场地判别成功率的影响分别如图 6.6 和图 6.7 所示,综合分析结果示于图 6.8,取二者交集时的影响系数为最佳取值。

由图 6.8 可看出,二者的交集位于狭小区域内,此时 α_w 可取为 −0.02,α_s 可取为 0.08。根据第 6 章地下水位和土层深度与液化势关系的理论解答,α_w 和 α_s 取值定性上是正确的。

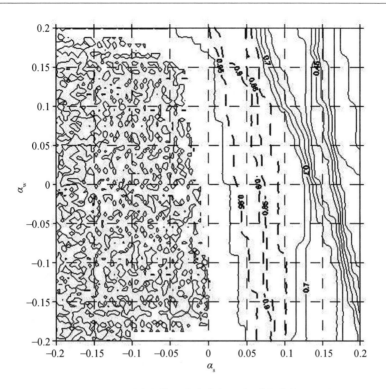

图 6.6　α_s，α_w 不同取值对非液化场地判别成功率的影响

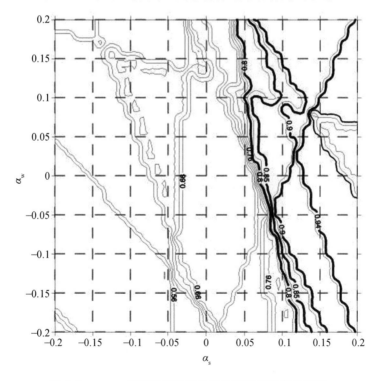

图 6.7　α_s，α_w 不同取值对液化场地判别成功率的影响

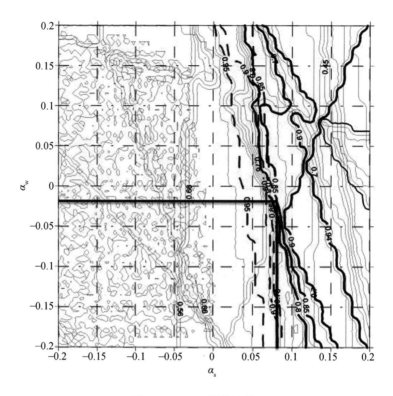

图 6.8　α_s, α_w 最佳取值

6.4.2　土层深度和地下水位影响系数的确定

与以往相比,此次地震液化场地测得土层深度和地下水位均有较大变化,所以直接推导出的地下水位影响系数和土层深度影响系数存在不确定性,为此本章采用优化方法进行最优值求解。

土层埋深和地下水位影响系数 α_s 和 α_w 在不同取值下对非液化场地和液化场地判别成功率的影响分别如图 6.9 和图 6.10 所示,综合分析结果示于图 6.11,取二者交集时的影响系数为最佳取值。

由图 6.11 可见,二者的交集位于狭小区域内,此时 α_w 可取为 -0.1, α_s 可取为 0.1。根据第 6 章地下水位和土层深度与液化势关系的理论解答,α_w 和 α_s 取值定性上是正确的。

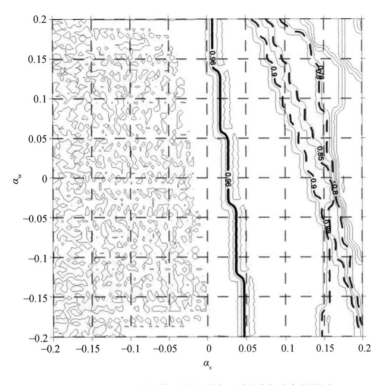

图 6.9　α_s, α_w 不同取值对非液化场地判别成功率的影响

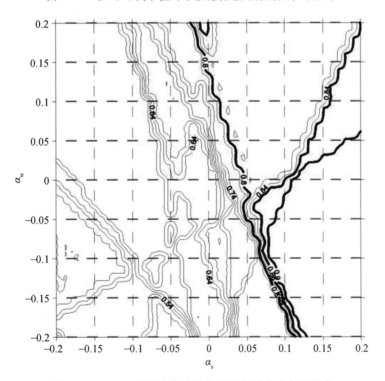

图 6.10　α_s, α_w 不同取值对液化场地判别成功率的影响

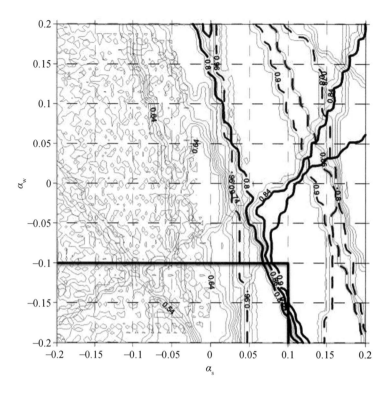

图 6.11　α_s，α_w 最佳取值

6.5　原位测试判别方法和回判成功率

6.5.1　SPT 液化判别新公式和回判成功率

1.液化判别新公式

综合分析结果，采用巴楚地震液化资料，以标准贯入击数为指标的液化判别新公式可写为

$$N_{cr-63.5} = N_{0-63.5}[1 - 0.02(d_w - 2) + 0.08(d_s - 3)] \qquad (6.9)$$

也可表达为

$$N_{cr-63.5} = N_{0-63.5}(0.8 - 0.02d_w + 0.08d_s) \qquad (6.10)$$

按式(6.9)或式(6.10)，若土层实测标准贯入击数 $N_{63.5}$ 大于标准贯入临界值 $N_{cr-63.5}$，判为非液化，反之判为液化。

2.回判成功率

将构造的巴楚地震液化判别临界公式对勘察场地进行重新判别，回判情况详见表 6.14、表 6.15。

表 6.14　液化场地回判结果

序号	钻孔	烈度	d_w	d_s	$N_{63.5}$/击	$N_{cr-63.5}$/击	判别结果
1	SY06	Ⅸ	2.9	4	16	20.2	正确
2	SY07	Ⅸ	2.8	3.5	13	19.5	正确
3	SY09	Ⅸ	1.8	2.7	10	18.6	正确
4	SY12	Ⅸ	2.8	5.4	22	22.3	正确
5	SY14	Ⅸ	1.9	4.5	18	21.3	正确
6	ZK30	Ⅸ	2.6	3.7	13	19.8	正确
7	SY01	Ⅷ	2.9	3.9	10	15.8	正确
8	SY08	Ⅷ	0.95	2.4	8	14.6	正确
9	SY11	Ⅷ	2.9	5.7	20	18.0	误判
10	SY16	Ⅷ	2.9	4.45	19	16.5	误判
11	SY17	Ⅷ	0.4	2.5	12	14.9	正确
12	SY18	Ⅷ	3.4	6.15	18	18.4	正确
13	SY21	Ⅷ	2.9	4.1	7	16.1	正确
14	SY25	Ⅷ	2.7	4.35	7	16.4	正确
15	SY05	Ⅶ	3.7	11.2	21	21.1	正确
16	SY19	Ⅶ	2.1	2.55	11	12.5	正确
17	SY23	Ⅶ	2.3	5.5	15	15.5	正确
18	SY24	Ⅶ	2.8	5.1	11	15.0	正确
19	SY26	Ⅶ	1.5	2	6	12.1	正确
20	SY27	Ⅶ	1	5.25	16	15.6	误判
21	SY29	Ⅶ	1.5	2.35	10	12.5	正确

表 6.15　非液化场地回判结果

序号	钻孔	烈度	d_w	d_s	$N_{63.5}$/击	$N_{cr-63.5}$/击	回判结果
1	E02	Ⅸ	3.8	7.5	32.5	25.2	正确
2	E04	Ⅸ	3.1	3.75	26.5	19.7	正确
3	E05	Ⅸ	2.4	6.5	21	24.2	误判
4	ZK33	Ⅸ	2.4	10.9	30	30.9	误判
5	ZK38	Ⅸ	2.5	6.05	31	23.4	正确
6	ZK39	Ⅸ	2.65	4.5	23	21.0	正确
7	E03	Ⅷ	2.3	6.6	20	19.2	正确
8	E06	Ⅷ	3.8	13.25	41	26.8	正确
9	E09	Ⅷ	2.9	7.65	27.5	20.3	正确

续表6.15

序号	钻孔	烈度	d_w	d_s	$N_{63.5}$/击	$N_{cr-63.5}$/击	回判结果
10	E10	Ⅷ	2.2	9.1	30.5	22.3	正确
11	E11	Ⅷ	1.2	6.8	40	19.8	正确
12	ZK13	Ⅷ	3.5	7.2	24	19.6	正确
13	ZK24	Ⅷ	2.9	5.5	20	17.7	正确
14	ZK25	Ⅷ	1.7	6.7	22	19.5	正确
15	ZK36	Ⅷ	3.6	17.15	28.5	31.5	误判
16	E07	Ⅶ	2.8	8.1	24	18.1	正确
17	E08	Ⅶ	4.2	4.75	18	14.2	正确
18	E12	Ⅶ	2.6	5.15	36	15.1	正确
19	E13	Ⅶ	2.7	6.8	26	16.8	正确
20	ZK14	Ⅷ	3	9.6	43	22.6	正确
21	ZK15	Ⅷ	2.3	9.45	31.5	22.7	正确
22	ZK16	Ⅷ	1.6	12.5	34	26.5	正确
23	ZK17	Ⅷ	2.7	12.5	34	26.2	正确
24	ZK20	Ⅶ	3.5	12	45	22.0	正确
25	ZK26	Ⅷ	3.5	13	21	26.6	误判
26	ZK41	Ⅷ	2.5	11.5	24	25.1	误判

　　构造的新疆液化判别新公式对液化场地重新判别中：液化场地判别成功率86%，误判点3个（Ⅶ度区1个，Ⅷ度区2个）；非液化场地判别成功率84%，误判点5个（Ⅷ度区3个，Ⅸ度区2个）。

　　回判结果说明本章勘察和分析结果可靠，采用的液化判别的基本模型以及确定地下水位影响系数和土层深度影响系数优化方法是成功的，给出的新公式对新疆喀什市地区是合理可行的。

6.5.2　CPT液化判别新公式及回判成功率

1.液化判别新公式

　　综合分析结果，采用巴楚地震液化资料，以锥尖阻力为指标的液化判别新公式可写为

$$q_{cr} = q_{0-c}[1 - 0.1(d_w - 2) + 0.1(d_s - 3)] \tag{6.11}$$

也可表达为

$$q_{cr} = q_{0-c}(0.9 - 0.1d_w + 0.1d_s) \tag{6.12}$$

　　按式(6.11)或式(6.12)，若土层实测锥尖阻力q_c大于锥尖阻力临界值q_{cr}，判为非液化，反之判为液化。

2.回判成功率

将构造的巴楚地震液化判别临界公式对勘察场地重新判别,液化场地和非液化场地回判情况详见表 6.16、表 6.17。

表 6.16　液化场地回判结果

序号	钻孔	烈度	d_w/m	d_s/m	q_c/MPa	q_{cr}/MPa	判别结果
1	SY06	Ⅸ	2.9	4	5.92	7.47	正确
2	SY07	Ⅸ	2.8	3.5	3.06	7.18	正确
3	SY09	Ⅸ	1.8	2.7	1.46	7.32	正确
4	SY12	Ⅸ	2.8	5.4	2.09	8.58	正确
5	SY14	Ⅸ	1.9	2.55	0.64	7.14	正确
6	ZK30	Ⅸ	2.6	3.7	5.48	7.47	正确
7	SY01	Ⅷ	2.9	3.9	1.63	5.80	正确
8	SY04	Ⅷ	1.5	3.95	6.32	6.64	正确
9	SY08	Ⅷ	1	2.4	2.20	6.03	正确
10	SY11	Ⅷ	2.9	5.7	6.73	6.84	正确
11	SY16	Ⅷ	2.9	4.45	9.98	6.12	误判
12	SY17	Ⅷ	0.4	2.5	2.19	6.44	正确
13	SY18	Ⅷ	3.4	6.15	6.25	6.81	正确
14	SY21	Ⅷ	2.9	4.1	4.67	5.92	正确
15	SY25	Ⅷ	2.7	4.35	5.95	6.18	正确
16	SY05	Ⅶ	3.7	11.2	2.48	7.92	正确
17	SY19	Ⅶ	2.1	2.8	3.85	4.66	正确
18	SY23	Ⅶ	2.3	5.5	4.94	5.86	正确
19	SY24	Ⅶ	2.8	5.1	2.91	5.42	正确
20	SY26	Ⅶ	1.5	2	1.52	4.56	正确
21	SY27	Ⅶ	1	5.25	5.94	6.36	正确
22	SY29	Ⅶ	1.5	2.35	1.94	4.73	正确

表 6.17　非液化场地回判结果

序号	钻孔	烈度	d_w/m	d_s/m	q_c/MPa	q_{cr}/MPa	判别结果
1	E02	Ⅸ	3.8	7.50	12.65	9.40	正确
2	E04	Ⅸ	3.1	3.75	9.55	7.14	正确
3	E05	Ⅸ	2.4	6.5	8.07	9.69	误判
4	ZK33	Ⅸ	2.4	10.9	22.70	12.95	正确
5	ZK38	Ⅸ	2.5	6.05	13.60	9.29	正确

续表6.17

序号	钻孔	烈度	d_w/m	d_s/m	q_c/MPa	q_{cr}/MPa	判别结果
6	ZK39	Ⅸ	2.65	4.5	12.60	8.03	正确
7	E03	Ⅷ	2.3	6.6	15.03	7.71	正确
8	E06	Ⅷ	3.8	13.25	15.60	10.70	正确
9	E09	Ⅷ	2.9	7.65	13.70	7.98	正确
10	E10	Ⅷ	2.2	9.1	13.20	9.22	正确
11	E11	Ⅷ	1.2	6.8	17.02	8.47	正确
12	ZK13	Ⅷ	3.5	7.2	12.30	7.37	正确
13	ZK24	Ⅷ	2.9	4.3	6.68	6.03	正确
14	ZK25	Ⅷ	1.7	6.7	9.30	8.12	正确
15	E07	Ⅶ	2.8	8.1	13.92	6.86	正确
16	E08	Ⅶ	4.2	4.75	16.30	4.58	正确
17	E12	Ⅶ	2.6	5.15	13.90	5.54	正确

构造的新疆液化判别新公式对液化场地重新判别中：液化场地判别成功率95％，误判点1个（Ⅷ度区1个）；非液化场地判别成功率94％，误判点1个（Ⅸ度区1个）。

回判结果说明，本章勘察和分析结果可靠，采用的液化判别的基本模型以及确定地下水位影响系数和土层深度影响系数优化方法是成功的，给出的新公式对新疆喀什市地区是合理可行的。

3.《岩规2001》CPT液化判别方法的再讨论

《岩规2001》CPT液化判别方法对巴楚地震液化场地判别成功率为91％，对非液化场地判别成功率为71％。就成功率方面是本章前期检验采用的5种方法中最高的一种方法。但是，前面的分析表明，《岩规2001》CPT液化判别方法定性错误，实际上是不能使用的。两种结果出现尖锐矛盾，为此我们采用实测数据按不同烈度区对比分析给予解答。

图6.12为Ⅸ度区新疆CPT液化判别公式与《岩规2001》判别公式分区对比示意图，为讨论方便，地下水位取为2m。两条液化临界曲线将图6.12分为4个区域，分别是A区、B区、C区、D区。A区代表新疆公式判别为非液化区，《岩规2001》判别为液化区；B区为新疆公式和《岩规2001》均判别为液化区；C区表示新疆公式判别非液化区，《岩规2001》判别非液化区；D区表示新疆公式和《岩规2001》均判别为非液化区。

实测数据中，液化砂层埋深及地下水位变化都较大，不便于直接进行新疆液化判别公式和《岩规2001》液化判别公式的对比，为此将不同烈度区勘察点的地下水位修正到2m。

图6.13为Ⅸ度区CPT判别公式对比。液化场地中，新疆液化判别公式和《岩规2001》液化判别公式全部判别正确，其原因是Ⅸ度区实测液化场地恰全部位于B区，如果实测点位于A区，则《岩规2001》与新疆公式的区别就能体现出来。在非液化场地中，新疆公式有一个误判点，而《岩规2001》全部误判，这暴露出《岩规2001》在浅层内定性错

误,导致极端保守,会把很密实的浅层实测非液化场地误判为液化。

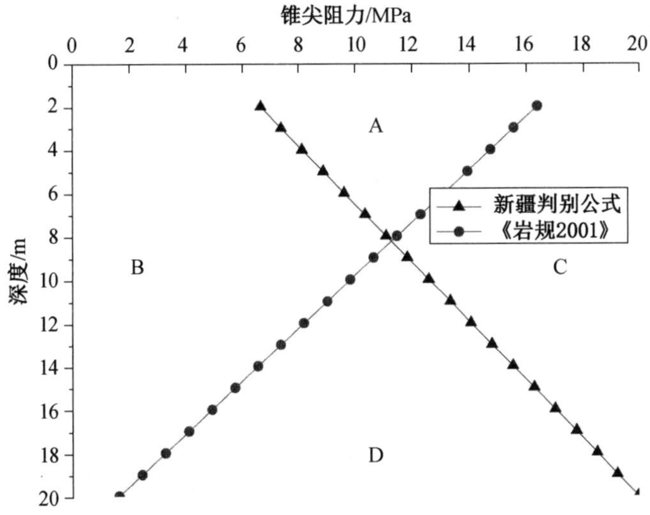

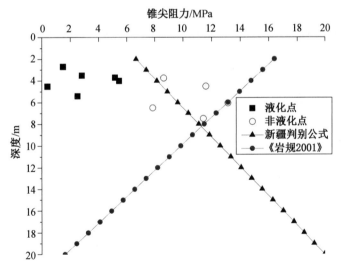

图 6.12　新疆 CPT 液化判别公式与《岩规 2001》判别公式分区对比

注意到 Ⅸ 度区新疆液化判别公式和《岩规 2001》判别公式交点大约在深度 8 m 处,由图 6.13 和上述结果看出,对于 Ⅸ 度区浅层(0 ~ 8 m) 液化场地,只有液化场地位于 A 区,《岩规 2001》液化判别公式与新疆液化判别公式的区别才能体现出来;如果位于 B 区,两种方法判别成功率将一致。如果非液化土层分布在浅层(0 ~ 8 m),位于 A 区时《岩规 2001》液化判别公式将有大量误判点,缺欠就暴露出来;位于 C 区时,两种方法判别成功率将一致。

图 6.13　Ⅸ 度区 CPT 判别公式对比

图 6.14 为 Ⅷ 度区 CPT 判别公式对比。液化场地中,新疆液化判别公式有 1 个误判,《岩规 2001》液化判别公式全部判别正确,其原因是 Ⅷ 度区实测液化场地恰主要位于 B 区,如果实测点主要位于 A 区,则《岩规 2001》与新疆公式的区别才能体现出来。非液化

场地中,新疆公式全部判别正确,《岩规2001》有一个误判,其原因是 Ⅷ 度区实测非液化场地恰主要位于 C 区,如果实测点主要位于 A 区,则《岩规2001》液化判别公式与新疆液化判别公式的区别将表现出来,同时才能暴露出《岩规2001》的问题。

　　注意到 Ⅷ 度区新疆判别公式和《岩规2001》判别公式交点大约在深度 6.7 m 处,由图 6.14 和上述结果看出,对于 Ⅷ 度区液化场地,只有液化场地位于 A 区,《岩规2001》液化判别公式与新疆液化判别公式的区别才能体现出来;实测液化场地恰主要位于 B 区,则二者判别成功率将大致相同。对于 Ⅷ 度区非液化场地,如果非液化土层主要位于 C 区时,两种方法判别成功率将大体一致;只有位于 A 区时,《岩规2001》才能出现误判。

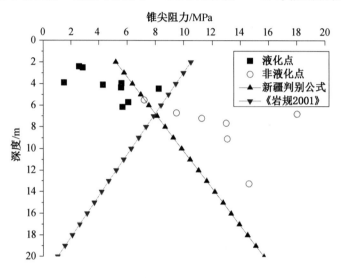

图 6.14　　Ⅷ 度区 CPT 判别公式对比

　　图 6.15 为 Ⅶ 度区 CPT 判别公式对比。液化场地中,新疆公式全部正确,《岩规2001》有 2 个误判点,其原因是 Ⅶ 度区实测液化场地多数位于 B 区,少数位于 D 区,《岩规2001》与新疆公式的区别有所体现;如果实测点位于 D 区,《岩规2001》液化判别公式的缺欠将明显暴露。非液化场地中,新疆公式和《岩规2001》全部判别正确,其原因是 Ⅶ 度区实测非液化场地恰全部位于 C 区,《岩规2001》与新疆公式的区别没有体现;如果实测非液化场地全部位于 D 区,《岩规2001》液化判别公式与新疆液化判别公式的区别则体现明显,《岩规2001》液化判别公式的缺欠也将暴露出来。

　　总之,在液化实测点多数分布在 A 区和非液化实测点多数分布在 D 区的情况下,新疆公式和《岩规2001》的区别才能体现出来,《岩规2001》缺欠也才能暴露出来。而事实上,本章在新疆获取的实测数据没有达到这种要求,造成了《岩规2001》判别成功率的假象。由此推论,在数据量有限的情况下,单凭判别成功率不能判定方法和公式的可靠性,还需要依靠理论指导。

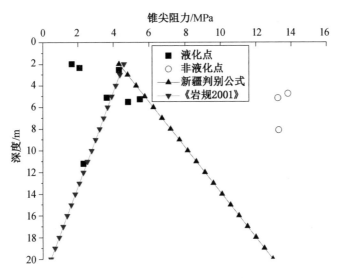

图 6.15　Ⅶ 度区 CPT 判别公式对比

6.6　本章小结

以新疆巴楚地震液化场地原位测试为基础,针对我国规范 SPT 液化判别方法对巴楚地区的不适用性,提出了基于标准贯入基数的判别方法,完成了模型的构造,建立了新的判别公式,针对我国规范 CPT 液化判别方法和国外方法对巴楚地区的不适用性,提出了适于本地区的 CPT 液化判别方法,完成了模型的构造,建立了新的判别公式。同时对我国规范 CPT 液化判别方法虽然存在定性错误,却对巴楚地震液化场地高判别成功率的矛盾现象进行了研究。主要结果如下。

(1) 我国规范 SPT 液化判别方法的基础资料来源于我国几十年前国内的几次大地震,主要针对的是唐山市地区,规范方法对此次巴楚地震非液化场地判别成功率为 85%,但对液化场地判别成功率仅为 43%,明显偏于危险,不适用于新疆。

(2) 提出的新疆巴楚地震 SPT 液化判别方法可分为初判和复判两个部分,初判的目标是排除不可能发生液化的场地。初判包括埋藏深度和地下水位两个条件。得到该地区水位特征深度在烈度 Ⅶ,Ⅷ,Ⅸ 时分别为 7 m,8 m,9 m,土层特征深度在烈度 Ⅶ,Ⅷ,Ⅸ 时分别为 8 m,9 m,10 m。复判模型由地震烈度、实测标准贯入击数、标准贯入击数基准值、地下水位、砂土埋深 5 个参数构成,其中标准贯入击数基准值以及地下水位和砂土埋深的影响系数分别采用归一化方法和优化方法。公式中 SPT 基准值比我国现行规范要大,表明同样条件下,新疆巴楚地区更容易出现液化。本章建立的基于标准贯入的砂土液化判别式,液化回判成功率为 86%,非液化回判成功率为 84%,表明构建的模型合理,计算公式可靠。由于缺少深层液化数据,同我国规范一样,严格意义来说,液化判别公式主要适用于土层埋深小于 10 m 的范围。

(3) 提出的新疆巴楚地震 CPT 液化判别方法可分为初判和复判两个部分,初判的目标是排除不可能发生液化的场地。初判包括埋藏深度和地下水位两个条件。得到该地区水位特征深度在烈度 Ⅶ，Ⅷ，Ⅸ 时分别为 7 m，8 m，9 m，土层特征深度在烈度 Ⅶ，Ⅷ，Ⅸ 时分别为 8 m，9 m，10 m。复判模型由地震烈度、实测锥尖阻力、锥尖阻力基准值、地下水位、砂土埋深 5 个参数构成，其中锥尖阻力基准值以及地下水位和砂土埋深的影响系数分别采用归一化方法和优化方法给出。建立的基于 CPT 砂土液化判别式，液化回判成功率为 95%，非液化回判成功率为 94%，表明构建的模型合理，计算公式可靠。新公式由符合国际标准的液化现场实测 CPT 数据得到，这在国内是第一次，具备与国际同类工作的可比性。

（4）我国规范 CPT 液化判别方法存在定性错误，但对巴楚地震液化场地判别成功率高，这主要是由于此次实测点多分布在不能体现其错误要害的区域，从而造成一种假象。

（5）新公式延续了我国现有规范的基本形式，工程中使用方便，可为新疆区域性规范的制定提供参考。

参 考 文 献

[1]乃买提.2003年2月24日新疆巴楚－伽师Ms6.8级地震加速度记录简介[J].内陆地震,2004,18(3):254-259.

[2]曹振中,袁晓铭.砂砾土液化的剪切波速判别方法[J].岩石力学与工程学报,2010,29(5):943-951.

[3]曹振中,侯龙清,袁晓铭.汶川8.0级地震液化震害及特征[J].岩土力学,2010,31(11):3549-3555.

[4]陈达生,时振梁,徐宗和,等.中国地震烈度表(GB/T17742—1999)[S].北京:中国标准出版社,2004.

[5]陈立军,全德辉,胡奉湘,等.1970年通海地震震源影响区的研究[J].华南地震,2000,20(3):31-38.

[6]陈龙伟,袁晓铭,孙锐.水平液化场地土表位移简化理论解答[J].岩土力学,2010,31(12):3823-3828.

[7]陈国兴.以剪切波速为指标的液化判别方法及其适用性[J].哈尔滨建筑大学学报,1996,29(1):97-103.

[8]陈国兴,刘雪珠.南京粉质黏土与粉砂互层土及粉细粒的振动孔压发展规律研究[J].岩土工程学报,2004(1):83-86.

[9]陈培善,卓钰如,金严,等.唐山地震前后京津唐张地区的应力场[J].地球物理学报,1978,21(1):36-60.

[10]陈晓利,冉洪流,祁生文.1976年龙陵地震诱发滑坡的影响因子敏感性分析[J].北京大学学报(自然科学版),2009,45(1):106-112.

[11]陈运泰,顾浩鼎,卢造勋.1975年海城地震与1976年唐山地震前后的重力变化[J].地震学报,1980(1):23-33.

[12]陈之力,李钦祖,谷继成,等.唐山地震的破裂过程及其力学分析[J].地震学报,1980,2(2):3-21.

[13]陈卓识,袁晓铭,孟上九.浅硬场地剪切波速变异性对结构地震输入的影响[J].地震工程与工程振动,2015,35(1):20-27.

[14]邓起东,王挺梅,李建国.关于海城地震震源模式的讨论[J].地质科学,1976(3):3-12.

[15]工程地质手册编辑委员会.工程地质手册[M].3版.北京:中国建筑工业出版社,1992.

[16]顾浩鼎,陈运泰,高祥林,等.1975年2月4日辽宁省海城地震的震源机制[J].地震物

理学报,1976(4):27-42.

[17]国家地震局地质研究所.中国八大地震震害摄影图集[M].北京:地震出版社,1983.

[18]范恩硕.以九二一集集地震案例探讨细料对液化潜能评估之影响[D].台湾:台湾成功大学,2004.

[19]韩新民,毛玉平,周瑞琦.1970年通海7.7级地震人员伤亡研究[J].地震研究,1996,19(2):199-205.

[20]胡聿贤,张郁山,梁建文.基于HHT方法的场地液化的识别[J].土木工程学报,2006,39(2):66-77.

[21]李静琪.深覆盖层上面板堆石坝静动力特性及坝基地震液化研究[D].南京:河海大学,2007.

[22]李兆焱,袁晓铭,孙锐.液化判别临界曲线的变化模式与一般规律[J].岩土力学,2019,40(09):3603-3609,3617.

[23]李兆焱,王梦龙,吴晓阳.唐山和巴楚地区液化土动力性能比较研究[J].地震工程与工程振动,2016,36(05):162-167.

[24]李兆焱,袁晓铭.2016年台湾高雄地震场地效应及砂土液化破坏概述[J].地震工程与工程振动,2016,36(03):1-7.

[25]林邦慧,陈天长,蒲晓红,等.鲜水河断裂带强震的破裂过程与地震活动[J].地震学报,1986:(1):3-22.

[26]林商裕.台中都会区卵砾石层动态特性之研究[D].台湾:台湾"中央大学",2001.

[27]刘惠珊.1995年阪神大地震的液化特点[J].工程抗震,2001(1):22-26.

[28]刘恢先.唐山大地震震害[M].北京:地震出版社,1985.

[29]刘兴诗.四川盆地的第四系[M].成都:四川科学技术出版社,1983.

[30]刘颖.关于修改抗震规范砂土液化判别式问题再同谢君斐同志商榷[J].地震工程与工程振动,1986,6(1):82-90.

[31]刘颖,谢君斐.砂土震动液化[M].北京:地震出版社,1984.

[32]刘玉权,黄震民,杨来宝.1970年通海地震的水平位移研究[J].地震研究,1984(2):78-87.

[33]罗福忠,胡伟华,赵纯青,等.巴楚-伽师6.8级地震地质灾害及未来地震地质灾害[J].内陆地震,2006,20(1):33-39.

[34]孟高头.土体原位测试机理、方法及其工程应用[M].北京:地质出版社,1997.

[35]孟上九.不规则动荷载下土的残余变形及建筑物不均匀震陷研究[D].哈尔滨:中国地震局工程力学研究所,2002.

[36]潘建平.尾矿坝抗震设计方法及抗震措施研究[D].大连:大连理工大学,2007.

[37]潘家伟,白明坤,李超,等.2021年5月22日青海玛多M_S7.4地震地表破裂带及发震构造[J].地质学报,2021,95(06):1655-1670.

[38]钱洪,唐荣昌.成都平原的形成与演化[J].四川地震,1997(3):1-7.

[39]钱培风,沈蕴芬,郭载瑜.通海地震的某些震害与分析[J].地震研究,1984,7(3):357-364.

[40]任金刚,王玉芳.饱和砂土地震液化研究方法概述[J].河海水利,2006(3):51-53.

[41]石江华.基于巴楚地震调查的剪切波速液化判别式研究[D].哈尔滨:中国地震局工程力学研究所,2011.

[42]石兆吉.判别水平土层液化势的剪切波速法[J].水文地质和工程地质,1986(4):9-13.

[43]石兆吉,郁寿松,丰万灵.土壤液化势的剪切波速判别法[J].岩土工程学报,1993,15(1):76-82.

[44]孙锐,袁晓铭,李雨润,等.循环荷载下液化退土层往返变形的影响[J].西北地震学报,2009,31(1):8-14.

[45]孙锐,唐福辉,袁晓铭.频率下降率法对 2011 年新西兰 6.3 级地震液化的盲测[J].岩土力学,2011(32):391-396.

[46]唐亮,凌贤长,徐鹏举,等.土体液化动力分析数值模拟[J].哈尔滨工业大学学报,2010,42(4):521-524.

[47]天津市规划设计管理局.建筑地基基础设计规范(TBJ1—88)[S].北京:中国建筑工业出版社,1993.

[48]王洪瑾,沈瑞福,马奇国.双向振动下土的动强度[J].清华大学学报(自然科学版),1996(4):93-98.

[49]王卫民,赵连峰,李娟.1999 年台湾集集地震震源破裂过程[J].地球物理学报,2005,48(1):132-147.

[50]汪闻韶.土的液化机理[J].水力学报,1981(5):22-34.

[51]汪闻韶.土体液化与极限平衡和破坏的区别和关系[J].岩土工程学报,2005,27(1):1-10.

[52]吴戈.海城地震预告在国际地震学届的反响[J].国际地震动态,1985(9):12-16.

[53]吴世明,徐攸在.土动力学现状与发展[J].岩土工程学报,1998(3):125-131.

[54]姚振兴,陈培善,肖成邺,等.1966 年邢台地震的烈度异常[J].地球物理学报,1974,17(2):106-121.

[55]谢定义.饱和砂土体液化的若干问题[J].岩土工程学报,1992(3):90-98.

[56]谢君斐.对"关于修改抗震规范砂土液化判别式的几点意见"一文讨论的答复[J].地震工程与工程振动,1985,5(1):99-104.

[57]谢君斐.关于修改抗震规范砂土液化判别式的几点意见[J].地震工程与工程振动,1984,4(2):95-125.

[58]徐斌,孔宪京,邹德高,等.饱和砂砾料液化后应力与变形特性试验研究[J].岩土工程学报,2007,29(1):103-106.

[59]晏凤桐,宋文,王兴辉,等.龙陵地震的震源机制[J].地震研究,1978(1):5-17.

[60]尹荣一,刘运明,李有利,等.唐山地区地震液化与地貌之间的关系[J].水土保持研究,2005,12(4),110-112.

[61]杨志文.全机率土壤液化评估法之研究[D].台湾:台湾"中央大学",2003.

[62]尹之潜,鄢家全,徐锡伟,等.地震现场工作第 3 部分.调查规范(GB/T18208.3—2000)[S].北京:中国标准出版社,2004.

[63]尤惠川,徐锡伟,吴建平.唐山地震深浅构造关系研究[J].地震地质,2002,24(4):571-582.

[64]袁晓铭,费扬,陈龙伟,等.含剧烈地震动作用不同埋深砂土液化判别统一公式[J].岩石力学与工程学报,2021,40(10):2101-2112.

[65]袁晓铭,曹振中,孙锐,等.汶川8.0级地震液化特征初步研究[J].岩石力学与工程学报,2009,28(6):1288-1296.

[66]张超.尾矿动力特性及坝体稳定性分析[D].武汉:中国科学院大学,2005.

[67]张建民,王刚.砂土液化后大变形的机理[J].岩土工程学报,2006,28(7):835-840.

[68]张克绪.饱和砂土的液化应力分析[J].地震工程与工程振动,1984(1):99-109.

[69]张勇,宋立军.2003年新疆地震灾害损失述评[J].内陆地震,2004,18(3):260-269.

[70]张四昌,刘百篪.1970年通海地震的地震地质特征[J].地质科学,1978(4):29-41.

[71]张思宇,李天宁,李兆焱,等.基于2011年新西兰地震的CPT液化特征研究[J].世界地震工程,2021,37(03):170-179.

[72]郑向高.贝克锤贯入试验应用于砾石土液化潜能分析之研究[D].台湾:台湾中兴大学,2001.

[73]中华人民共和国建设部.岩土工程勘察规范(GB50021—2001)[S].北京:中国建筑工业出版社,2001.

[74]中华人民共和国建设部.建筑抗震设计规范(GB50011-—2001)[S].北京:中国建筑工业出版社,2001.

[75]中华人民共和国住房和城乡建设部,中华人民共和国国家质量监督检验检疫总局.建筑抗震设计规范(GB50011—2010)[S].北京:中国建筑工业出版社,2010.

[76]中国科学院工程力学研究所,河北省地震局抗震组.唐山地震震害调查初步总结[M].北京:地震出版社,1978.

[77]中国科学院工程力学研究所.海城地震震害[M].北京:地震出版社,1979.

[78]中华人民共和国建设部.建筑地基基础设计规范(GB50007—2002)[S].北京:中国建筑工业出版社,2002.

[79]中交公路规划设计院有限公司.公路桥涵地基与基础设计规范(JTG D63—2007)[S].北京:人民交通出版社,2007.

[80]周建,白冰,徐建平.土动力学理论与计算[M].北京:中国建筑工业出版社,2001.

[81]庄之敬.可液化土的地震液化试验及数值模拟研究[D].上海:同济大学,2008.

[82]AGUIRRE J, IRIKURA K. Nonlinearity, liquefaction and velocity variation of soft soil layers in Port Island, Kobe, during the Hyogo-ken-Nanbu earthquake [J]. Bulletin of the Seismological Society of America, 1997, 87(5):1244-1258.

[83]AL-QASIMI E M, CHARLIE W A, WOELLER D J. Canadian Liquefaction Experiment(CANLEX):Blast-Induced Ground Motion and Pore Pressure Experiments [J]. Astm Geotechnical Testing Journal,2005,28(1):9-21.

[84]AMINIF, QI G. Liquefaction testing of stratified silty sands [J]. Journal of Geotechnical and Geoenvironmental Engineering, 2000, 126(3):208-217.

［85］ANDRUS R D, STOKOE K H. Liquefaction resistance of soils from shear-wave velocity ［J］. Journal of Geotechnical and Geoenviromental Engineering, ASCE, 2000, 126(11): 1015-1025.

［86］ARANGO I. Magnitude scaling factors for soil liquefaction evaluations ［J］. Journal of Geotechnical Engineering, ASCE, 1996, 122(11):929-936.

［87］BAZIER M, DOBRY R. Residual strength and large-deformation potential of loose silty sands ［J］. Journal of Geotechnical Engineering, ASCE, 1995(12): 896-906.

［88］BOULANGER R W,IDRISS I M. Magnitude scaling factors in liquefaction triggering procedures ［J］. Soil Dynamics and Earthquake Engineering, 2015 (79): 296-303.

［89］BRADY R C. Development of a direct test method for dynamically assessing the liquefaction resistance of soils in situ ［D］. Austin: The University of Texas at Austin,2006.

［90］CASTRO G. Liquefaction of sands ［D］.Cambridge: Harvard University, 1969.

［91］CASAGRANDE A. Liquefaction and cyclic deformation of sands ［D］.Cambridge: Harvard University, 1975.

［92］CASAGRANDE A .Characteristics of cohesionless soils affecting the stabillity of slopes and Earthfills[J]. Journal of the Boston Society of Civil Engineerings,1936, 23 (1):13-32.

［93］CASTRO G. Liquefaction and cyclic mobility of saturated sands ［J］. Journal of Geotechnical Engineering, ASCE, 1975(6): 551-569.

［94］CASTRO G, POULOUS S J. Factors affecting liquefaction and cyclic mobility ［J］. Journal of Geotechnical Engineering, ASCE, 1977(6):501-516.

［95］CASTRO G, SEED R B, KELLER T O. Steady-state strength analysis of lower San Fernando dam slide ［J］. Journal of Geotechnical Engineering, ASCE, 1992(3): 406-427.

［96］JUANG C H , ROSOWSKY D V , TANG W H .Reliability-based method for assessing liquefaction potential of soils[J].Journal of Geotechnical & Geoenvironmental Engineering, 2015, 125(8):684-689.

［97］KU C S, LEE D, WU J H. Evaluation of soil liquefaction in the Chi-Chi Taiwan earthquake using CPT[J]. Soil Dynamics and Earthquake Engineering, 2004,124: 659-673.

［98］JUANG C H , YANG S H , YUAN H .Model Uncertainty of Shear Wave Velocity-Based Method for Liquefaction Potential Evaluation ［J］. Journal of Geotechnical & Geoenvironmental Engineering, 2005, 131(10):1274-1282.

［99］FINN W D, BRANSBY P L, PICKERING D J. Effect of strain history on liquefaction of sand[J]. Journal of Soil Mechanics and Foundation Division, ASCE, 1970, 96(SM6):1917-1934.

[100]GOH A T.Neural-network modeling of CPT seismic liquefaction data[J]. Journal of Geotechnical Engineering，ASCE，1996，122(1)：70-73.

[101]IDRISSI M, BOULANGER R W. Semi-empirical procedures for evaluating lique-faction potential during earthquakes [J]. Soil Dynamics and Earthquake Engineering, 2006, 26：115-130.

[102]ISHIHARA K. Liquefaction and flow failure during earthquake [J]. Geotechnique, 1993(3)：351-415.

[103]ISHIHARA K，YOSHIMINE M. Evaluation of settlement in sand deposits fol-lowing liquefaction during earthquakes[J]. Soils and Foundations, 1992, 32(1)：173-188.

[104]ISHIHARA K，SHIMIZU K，YAMADA Y. Pore water pressure measured in sand deposits during an earthquake[J]. Soils and Foundations，1981，2(4)：85-100.

[105]JUANG C H，YUAN H，LEE D H. Simplified cone penetration test-based method for evaluating liquefaction resistance of soils[J]. Journal of Geotechnical and Geoenvironmental Engineering, 2003, 129(1)：66-80.

[106]KASIM A G，CHU M Y，JENSEN C N. Field correlation of cone and standard penetration tests[J]. Journal of Geotechnical Engineering, 1986，112(3)：368-372.

[107]KURT J. In situ measurement of shear wave velocity after blast-induced soil lique-faction[D]. Utah：University of Utah State，2000.

[108]CETINK O，SEED R B，KIUREGHIAN A D，et al. Standard penetration test-based probabilistic and deterministic assessment of seismic soil liquefaction poten-tial [J]. Journal of Geotechnical and Geoenvironmental Engineering，ASCE，2004,130(12)：1314-1340.

[109]LIAO S，WHITMAN R V. Overburden correction factors for SPT in sand[J]. Journal of Geotechnical Engineering，ASCE，1986，112(3)：373-377.

[110]LIAO S，VENEZIANO D，WHITMAN R V. Regression models for evaluating liquefaction probability[J]. Journal of Geotechnical Engineering，ASCE，1988，114(4)：389-411.

[111]LOH C H，CHENG C R. Probabilistic evaluation of liquefaction potential under earthquake loading [J]. Soil Dynamic and Earthquake Engineering，1995，16：269-278.

[112]YEGIANM K，GHAHRAMAN V G，HARUTIUNYAN R N. Liquefaction and embankment failure case histories，1988 Armenia Earthquake[J]. Journal of Geotechnical Engineering，1994，120(3)：581-596.

[113]MOURAD Z，AHMED W. Analysis of site liquefaction using earthquake records [J]. Journal of Geotechnical Engineering，1994，120(6)：996-1017.

[114]NAGASE H，ISHIHARA K. Liquefaction-induced compaction and settlement of

sand during earthquake[J]. Soils and Foundations, 1988, 28(1):65-76.

[115]ONOUE A, MORI N, TAKANO J. In-situ experiment and analysis on well resistance of gravel drains[J].Soils and Foundations, 1987, 27(2):42-60.

[116]POULOUS S, CASTRO G, FRANCE J. Liquefaction evaluation procedure [J]. Journal of Geotechnical Engineering, ASCE, 1985(6):772-791.

[117]MOSS R E . CPT-Based probability assessment of seismic soil liquefaction initiation[D]. Berkeley:University of California, 2003.

[118]ROBERTSONP K, WRIDE C E. Evaluating cyclic liquefaction potential using cone penetration test[J].Canadian Geotechnical Journal 1998,35(3):442-459.

[119]ROBERTSON P K, CAMPANELLA R G, WIGHTMAN A. SPT-CPT correlations[J]. Journal of Geotechnical Engineering, 1983, 109(11):1449-1459.

[120]RODGERS A, PITARKA A, PETERSON A, et al. Broadband (0-4Hz) ground motions for a magnitude 7.0 Hayward Fault Earthquake with three-dimensional structure and topography [J]. Geophysical Research Letters, 2018, 45 (2): 739-747.

[121]SEED H B. Soil Liquefaction and cyclic mobility evaluation for level ground during earthquakes [J]. Journal of the Geotechnical Engineering Division, 1979, 105(2): 201-255.

[122]SEED H B, IDRISS I M, ARANGO I. Evaluation of liquefaction potential using field performance data [J]. Journal of the Soil Mechanics and Foundation Division, ASCE, 1966(6): 105-134.

[123]SEED H B, IDRISS I M. Simplified procedure for evaluating soil liquefaction potential[J]. Journal of the Soil Mechanics and Foundations Division, ASCE, 1971, 107(SM9):1249-1274.

[124]SEED H B, TOKIMATSU K, HARDER L F, et al. The influence of SPT procedures in soil liquefaction resistance evaluation[J]. Journal of Geotechnical Engineering, ASCE, 1985, 111(12):1425-1445.

[125]SEED H B, WONG R T, IDRISS I M, et al. Module and damping factors for dynamic analyses of cohesionless soils[J]. Journal of Geotechnical Engineering, ASCE, 1986, 112(11):1016-1032.

[126]SEED H B, TOKIMATSU K, HARDER L F, et al. The influence of SPT procedures in soil liquefaction resistance evaluation[J]. Journal of Geotechnical Engineering, ASCE, 1985, 111(12):1425-1445.

[127]SEED H B, IDRISS I M. Simplified procedure for evaluating soil liquefaction potential [J]. Journal of Geotechnical Engineering, ASCE, 1971(9):1249-1273.

[128]SEED H B, IDRISS I M.Ground motions and soil liquefaction during earthquakes [M]. Berkeley:Earthquake Engineering Research Institute Monograph, 1982.

[129]STARK T D, OLSON S M. Liquefaction resistance using CPT and field case his-

tories[J]. Journal of Geotechnical Engineering, 1995, 121(12):856-869.

[130]TAPPAN E M. The World's Story: A history of the world in story, song and art [M]. Boston:Houghton Mifflin,1914.

[131]TOKIMATSU K, YAMAZAKI T, YOSHIMI Y. Soil liquefaction evaluation by elastic shear modulus[J]. Soils and Foundations, 1986,26(1):25-35.

[132]TOKIMATSU K, YOSHIMI Y. Empirical correlation of soil liquefaction based on SPT N-value and fines content[J]. Soils and Foundations, 1983, 23(4):56-74.

[133]VALLEM.Measurements of Vp and Vs in dry, unsaturated and saturated sand specimens with piezoelectric transducers [D]. Austin: The University of Texas, 2006.

[134]GHIONNA V, PORCINO D. Liquefaction resistance of undisturbed and reconstituted samples of a natural coarse sand from undrained cyclic triaxial tests[J]. Journal of Geotechnical and Geoenvironmental Engineering, 2006, 132 (2): 194-202.

[135]YOUDT L, STEIDEL J H, NIGBOR R L. Lessons learned and need for instrumented liquefaction sites [J]. Soil Dynamics and Earthquake Engineering, 2004, 24(9): 639-646.

[136]YOUDT L, IDRISS I M. Liquefaction resistance of soils:summary report from the 1996 NCEER and 1998 NCEER/NSF workshops on evaluation of liquefaction resistance of soils[J]. Journal of Geotechnical and Geoenvironment Engineering, 2001, 127(4): 297-313.

[137]YU H S, MITCHELL J K. Analysis of cone resistance: review of methods[J]. Journal of Geotechnical and Geoenvironmental Engineering, 1998, 124 (2): 140-149.

[138]ZEGHAL M, ELGAMAL A. Analysis of site liquefaction using earthquake records[J]. Journal of the Geotechnical Engineering Division, ASCE, 1994, 120 (6):996-1017.

[139]ZHANG Z, TUMAY M. Statistical to fuzzy approach toward CPT soil classification[J]. Journal of Geotechnical and Geoenvironmental Engineering, 1999, 125(3):179-186.